与一带一路欧洲650年名校匈牙利（国立）佩奇大学共同探索教授治学

Exploring the Education Teaching with the European 650-Year-old University of Pécs of Hungary(National) Under the One Belt and One Road

门里门外

INSIDE AND OUTSIDE

2017 创基金·四校四导师·实验教学课题

2017 Chuang Foundation · 4&4 Workshop · Experiment Project

中国高等院校环境设计学科带头人论设计教育学术论文

第九届中国建筑装饰卓越人才计划奖

The 9th China Building Decoration Outstanding Telented Award

主　编	Chief Editor
王　铁	Wang Tie
副主编	Associate Editor
张　月	Zhang Yue
彭　军	Peng Jun
巴林特	Balint Bachmann
段邦毅	Duan Bangyi
陈华新	Chen Huaxin
潘召南	Pan Zhaonan
周维娜	Zhou Weina
金　鑫	Jin Xin
郑革委	Zheng Gewei
阿高什	Akos Hutter
陈翊斌	Chen Yibin
陈建国	Chen Jianguo
刘星雄	Liu Xingxiong
刘　岩	Liu Yan
贺德坤	He Dekun
韩　军	Han Jun
梁　冰	Liang Bing
汤恒亮	Tang Hengliang
王小保	Wang Xiaobao
冯　苏	Feng Su
刘　原	Liu Yuan

中国建筑工业出版社

图书在版编目（CIP）数据

门里门外　2017创基金·四校四导师·实验教学课题　中国高等院校环境设计学科带头人论设计教育学术论文／王铁主编. —北京：中国建筑工业出版社，2017.12

ISBN 978-7-112-21522-5

Ⅰ.①门… Ⅱ.①王… Ⅲ.①环境设计－教学研究－高等学校－文集 Ⅳ.①TU-856

中国版本图书馆CIP数据核字（2017）第284904号

本书是2017第九届“四校四导师”环境艺术专业毕业设计实验教学的过程记录，另含17篇中国高等院校环境设计学科带头人关于设计教育的学术论文。全书对环境艺术等相关专业的学生和教师来说具有较强的可参考性和实用性。

责任编辑：唐　旭　杨　晓
责任校对：王　烨

门里门外　2017创基金·四校四导师·实验教学课题

中国高等院校环境设计学科带头人论设计教育学术论文

第九届中国建筑装饰卓越人才计划奖

主　编：王　铁
副主编：张　月　彭　军　巴林特　段邦毅　陈华新
潘召南　周维娜　金　鑫　郑革委　阿高什
陈翊斌　陈建国　刘星雄　刘　岩　贺德坤
韩　军　梁　冰　汤恒亮　王小保　冯　苏
刘　原
排　版：孙　文　王一鼎　康　雪
会议文字整理：刘传影

*
中国建筑工业出版社出版、发行（北京海淀三里河路9号）
各地新华书店、建筑书店经销
北京锋尚制版有限公司制版
北京富诚彩色印刷有限公司印刷
*
开本：880×1230毫米　1/16　印张：11¼　字数：395千字
2018年1月第一版　2018年1月第一次印刷
定价：98.00元
ISBN 978－7－112－21522－5
（31189）

感谢深圳市创想公益基金会及CAMERICH锐驰
对2017四校四导师实验教学的支持

CAMERICH 锐驰

深圳市创想公益基金会，简称“创基金”，于2014年在中国深圳市注册，是中国设计界第一次自发性发起、组织、成立的公益基金会。

创基金由邱德光、林学明、梁景华、梁志天、梁建国、陈耀光、姜峰、戴昆、孙建华及琚宾十位来自中国内地、香港及台湾的设计师共同创立。创基金以“求创新、助创业、共创未来”为使命，秉承“资助设计教育，推动学术研究；帮扶设计人才，激励创新拓展；支持业界交流，传承中华文化”的宗旨，致力于推动设计教育的发展，传承和发扬中华文化，支持业界相互交流。

2017年，CAMERICH锐驰成为创基金公益战略合作伙伴，并定向捐赠2017创基金·四校四导师·实验教学项目，一同助力设计教育的发展。

课题院校学术委员会

4&4 Workshop Project Committee

中央美术学院 建筑设计研究院
王铁 教授 院长
Central Academy of Fine Arts, Architectural Design and Research Institute
Prof. Wang Tie, Dean

清华大学 美术学院
张月 教授
Tsinghua University, Academy of Arts & Design
Prof. Zhang Yue

天津美术学院 环境与建筑设计学院
彭军 教授 院长
Tianjin Academy of Fine Arts, School of Environment and Architectural Design
Prof. Peng Jun, Dean

佩奇大学 工程与信息学院
阿高什副教授、金鑫博士
University of Pecs, Faculty of Engineer and Information Technology
A./Prof. Akos Hutter, Dr.Jin Xin

四川美术学院 设计艺术学院
潘召南 教授
Sichuan Fine Arts Institute, Academy of Arts & Design
Prof. Pan Zhaonan

山东师范大学 美术学院
段邦毅 教授
Shandong Normal University
Prof. Duan Bangyi

山东建筑大学 艺术学院
陈华新 教授
Shandong Jian zhu University, Academy of Arts
Prof. Chen Huaxin

西安美术学院 建筑环艺系
周维娜 教授
Xi'an Academy of Fine Arts, Department of Architecture and Environmental Design
Prof. Zhou Weina

广西艺术学院 建筑艺术学院
江波 教授
Guangxi Arts University, Academy of Architecture & Arts
Prof. Jiang Bo

吉林艺术学院 设计学院
唐晔 教授
Jilin College of the Arts, Academy of Design
Prof. Tang Ye

湖北工业大学 艺术设计学院
郑革委 教授
Hubei University of Technology, Academy of Arts & Design
Prof. Zheng Gewei

江西师范大学 美术学院
刘星雄 教授
Jiangxi Normal University, Academy of Arts
Prof. Liu Xingxiong

广西艺术学院 建筑艺术学院
陈建国 副教授
Guangxi Arts University, Academy of Architecture & Arts
A./Prof. Chen Jianguo

中南大学 建筑与艺术学院
陈翊斌 副教授
Central South University, Academy of Architecture & Arts
A./Prof. Chen Yibin

吉林艺术学院 设计学院
刘岩 副教授
Jilin College of the Arts, Academy of Design
A./Prof. Liu Yan

湖南师范大学 美术学院
王小保 副总建筑师
Hunan Normal University, Academy of Arts
Mr. Wang Xiaobao, Vice Chief Architect

内蒙古科技大学 艺术设计学院
韩军 副教授
Inner Mongolia University of Science & Technology, Academy of Arts & Design
A./Prof. Han Jun

青岛理工大学 艺术学院
贺德坤 副教授
Qingdao Technological University, Academy of Arts
A./Prof. He Dekun

曲阜师范大学 美术学院
梁冰 副教授
Qufu Normal University, Academy of Arts
A./Prof. Liang Bing

苏州大学 金螳螂建筑与城市环境学院
汤恒亮 副教授
Soochow University, Gold Mantis School of Architecture and Urban Environment
A./Prof. Tang Hengliang

大连艺术学院 艺术设计学院
刘岳 助教
Dalian Art College, Academy of Arts & Design
Mr. Liu Yue

深圳市创想公益基金会
冯苏 秘书长
Shenzhen Chuang Foundation
Mrs. Feng Su, Secretary General

中国建筑装饰协会
刘晓一 秘书长、刘原 设计委员会秘书长
China Building Decoration Association
Mr. Liu Xiaoyi, Secretary-General; Mr.Liu Yuan, Design Committee, Secretary-General

北京清尚环艺建筑设计院
吴晞 院长
Beijing Tsingshang Architectural Design and Research Institute Co.,Ltd
Mr. Wu Xi, Dean

佩奇大学工程与信息学院

University of Pecs
Faculty of Engineering and Information Technology

“四校四导师”毕业设计实验课题已经纳入佩奇大学建筑教学体系，并正式的成为教学日程中的重要部分。课题中获得优秀成绩的同学成功考入佩奇大学工程与信息学院攻读硕士学位。

The 4&4 workshop program is a highlighted event in our educational calendar. Outstanding students get the admission to study for master degree in University of Pecs, Faculty of Engineering and Information Technology.

佩奇大学工程与信息学院简介

佩奇大学是匈牙利国立高等教育机构之一，在校生约26000名。早在1367年，匈牙利国王路易斯创建了匈牙利的第一大学——佩奇大学。佩奇大学设有十个学院，在匈牙利高等教育领域起着重要的作用。大学提供多种国际认可的学位教育和科研项目。目前，每年我们接收来自60多个国家的近2000名国际学生。30多年来，我们一直为国际学生提供完整的本科、硕士、博士学位的英语教学课程。

佩奇大学的工程和信息学院是匈牙利的最大、最活跃的科技高等教育机构，拥有成千上万的学生和40多年的教学经验。此外，我们作为国家科技工程领域的技术堡垒，是匈牙利南部地区最具影响力的教育和科研中心。我们的培养目标是：使我们的毕业生始终处于他们职业领域的领先地位。学院提供与行业接轨的各类课程，并努力让我们的学生掌握将来参加工作所必备的各项技能。在校期间，学生们参与大量的实践活动。我们旨在培养具有综合能力的复合型专业人才，他们充分了解自己的长处和弱点，并能够行之有效地表达自己。通过在校的学习，学生们更加具有批判性思维能力、广阔的视野，并且宽容和善解人意，在他们的职业领域内担当重任并不断创新。

作为匈牙利最大、最活跃的科技领域的高等教育机构，我们始终使用得到国际普遍认可的当代教育方式。我们的目标是提供一个灵活的、高质量的专家教育体系结构，从而可以很好地满足学生在技术、文化、艺术的要求，同时也顺应了自21世纪以来社会发生巨大转型的欧洲社会。我们理解当代建筑；我们知道过去的建筑教育架构；我们和未来的建筑工程师们一起学习和工作；我们坚持可持续发展；我们重视自然环境；我们专长于建筑教育!我们的教授普遍拥有国际教育或国际工作经验；我们提供语言课程；我们提供国内和国际认可的学位。我们的课程与国际建筑协会有密切的联系与合作，目的是为学生提供灵活且高质量的研究环境。我们与国际多个合作院校彼此提供交换生项目或留学计划，并定期参加国际研讨会和展览。我们大学的硬件设施达到欧洲高校的普遍标准。我们通过实际项目一步一步地引导学生。我们鼓励学生发展个性化的、创造性的技能。

博士院的首要任务是：为已经拥有建筑专业硕士学位的人才和建筑师提供与博洛尼亚相一致的高标准培养项目。博士院是最重要的综合学科研究中心，同时也是研究生的科研研究机构,提供各级学位课程的高等教育。学生通过参加脱产或在职学习形式的博士课程项目达到要求后可拿到建筑博士学位。学院的核心理论方向是经过精心挑选的，并能够体现当代问题的体系结构。我们学院最近的一个项目就是为佩奇市的地标性建筑——古基督教墓群进行遗产保护，并负责再设计（包括施工实施）。该建筑被联合国教科文组织命名为世界遗产，博士院为此做出了杰出的贡献并起到关键性的作用。参与该项目的学生们根据自己在此项目中参与的不同工作，将博士论文分别选择了不同的研究方向：古建筑的开发和保护领域、环保、城市发展和建筑设计，等等。学生的论文取得了有价值的研究成果，学院鼓励学生们参与研讨会、申请国际奖学金并发展自己的项目。

我们是遗产保护的研究小组。在过去的近40年里，佩奇的历史为我们的研究提供了大量的课题。在过去的30年里，这些研究取得巨大成功。2010年，佩奇市被授予欧洲文化之都的称号。与此同时，早期基督教墓地及其复杂的修复和新馆的建设工作也完成了。我们是空间制造者。第13届威尼斯建筑双年展，匈牙利馆于2012年由我们的博士生设计完成。此事所取得的成功轰动全国，展览期间，我们近500名学生展示了他们的作品模型。我们是国际创新型科研小组。我们为学生们提供接触行业内活跃的领军人物的机会，从而提高他们的实践能力，同时也为行业不断增加具有创新能力的新生代。除此之外,我们还是创造国际最先进的研究成果的主力军，我们将不断更新、发展我们的教育。专业分类：建筑工程设计系、建筑施工系、建筑设计系、城市规划设计系、室内与环境设计系、建筑和视觉研究系。

佩奇大学工程与信息学院
院长 巴林特
2017年10月23日
University of Pecs
Faculty of Engineering and Information Technology
Prof. Balint Bachmann, Dean
23th October, 2017

前言·给4×4全体师生的几句话

Preface: A Few Words for All Teachers and Students of 4×4

中央美术学院建筑设计研究院院长 博士生导师 王铁教授
Central Academy of Fine Arts, Prof. Wang Tie

这是第九届4×4实验教学课题，回顾九年的教学一直坚持在一线的责任导师头发已出现白色，是什么让这群责任导师坚持始终？答案也许很简单，是高素质的群体和热爱建筑环境设计教育事业的责任心！

2017年中外高等学校建筑环境设计专业师生实验教学课题活动是值得点赞的！课题组按计划带领16所中国高校组成了师生学术交流40多名师生大军，踏上了前往欧洲大陆名校进行课题的第四阶段终期答辩和颁奖典礼，如同一幅壮观的风景画展出在具有650年建校历史匈牙利（国立）佩奇大学的展厅，在中国高校环境设计专业实践教学的历史上，留下的影响是深远的，更是最震撼的。严格执行教学大纲是保证课题完整而高质量的基础，携带100多幅教授作品、70多幅学生作品到达布达佩斯李斯特机场，师生们一路充满自信的心揭开了友好交流大幕。

佩奇大学校方看了课题组稳妥的计划，院长巴林特说：布展、开展、答辩、颁奖将是一条美好而难忘的振奋人心的风景线，对接“一带一路”国策设计教育多角度、宽视野、广域诠释4×4实验教学价值，门里门外交流探索已准备九载。为确保教学质量课题组向责任导师提出严格管理要求，全体责任导师重点是要管好学生，出好作品，带领学生出门，就是负得起责任，当好法定监护人。

在匈牙利（国立）佩奇大学计划教学活动21天期间，严格执行教学大纲规定，每一位责任导师必须要承担职业责任，同时也展现中国高校教授的形象魅力。学生出发前要仔细阅读教学大纲，在佩奇大学终期答辩中，为防止在课题结束后，师生不能按要求提交成果，造成拖累课题组不能收尾，课题管理量身打造出教学管理细则，强调相互帮助是4×4实验教学课题组工作的核心价值，追求高质量教学是九年以来全体教师始终坚持的动力源。九载之中来自不同的高校致力于教授治学的责任导师，用全部的精力服务于环境设计教育，勇于探索实验教学，为打破院校间壁垒踏踏实实工作，感谢为学生走出国门付出心血的伯乐们，你们是最可爱的人！

课题组面对学校多，不好管理、教师背景不同、成长经历和环境也不相同等问题，首先扎实做好第一阶段、第二阶段、第三阶段教学管理，相互理解完成课题绝不是问题，参加课题的教师都是朋友，建立责任导师间共识是当务之急，问题是如何将实验教学成果创新达到高质量，相互鼓励帮助是互信基础，自觉遵守教学大纲才是完成课题的高质量保证。自开办4×4实验教学课题探索以来，参加课题学校的每一位师生都明确地知道，自己在哪一方面有所收获。截至目前已有14名硕士、5位博士在佩奇大学留学攻读学位，这就是课题能够坚持九载的动力。

需要强调的是，本次教学是开放性的实践课题，在中国建筑装饰协会的平台上，创想基金会、锐驰家具的捐助让课题健康有序成长，知名企业的赞助使实验教学更加锦上添花，特别是金狮王的友情赞助，全体师生将以高质量学术成果来报答。

有部分课题助手虽然没有全场跟踪，但是也投入了极大的热情，在本书即将出版之际，我代表课题组向支持4×4实验教学的集体和个人表示最衷心感谢！课题组以真诚的心愿，祝参加本次4×4实验教学活动的全体人员健康快乐，当你们看到高质量的出版成果时，会为参加课题而感到自豪。

希望2018创基金4×4实验教学有您的支持，我们的回报将是永远在路上！

2017年11月03日于北京

目 录

2017创基金（四校四导师）4×4“旅游风景区人居环境与乡建研究”实验教学课题

参与单位及个人

教学管理学术委员会
主 任 委 员：王　铁　教授　中央美术学院
副主任委员：张　月　教授　清华大学美术学院
　　　　　　彭　军　教授　天津美术学院

学 术 委 员：段邦毅　教授　山东师范大学
　　　　　　潘召南　教授　四川美术学院
　　　　　　陈华新　教授　山东建筑大学
　　　　　　周维娜　教授　西安美术学院
　　　　　　阿高什　教授　匈牙利（国立）佩奇大学
　　　　　　郑革委　教授　湖北工业大学
　　　　　　刘星雄　教授　江西师范大学
　　　　　　金　鑫　助理教授　匈牙利（国立）佩奇大学
　　　　　　陈翊斌　副教授　中南大学
　　　　　　韩　军　副教授　内蒙古科技大学
　　　　　　陈建国　副教授　广西艺术学院
　　　　　　刘　岩　副教授　吉林艺术学院
　　　　　　贺德坤　副教授　青岛理工大学
　　　　　　梁　冰　副教授　曲阜师范大学
　　　　　　汤恒亮　副教授　苏州大学

任 课 教 师：刘　岳　讲师

实 践 导 师：王小保、米姝玮、梁宏瑀、王云童、巴特尔

创想公益基金及业界知名实践导师：林学明、戴坤、琚宾

知名企业高管：吴　晞　清华大学人居集团副董事长
　　　　　　　孟建国　中国建筑设计研究院、住邦建筑装饰设计研究院院长
　　　　　　　姜　峰　J&A杰恩创意设计公司创始人、总设计师
　　　　　　　石　赟　苏州金螳螂建筑设计研究总院副总设计师
　　　　　　　裴文杰　青岛德才建筑设计研究院院长
　　　　　　　于　强　深圳于强室内设计公司创始人、总设计师

行业协会督导：刘　原　中国建筑装饰协会总建筑师、设计委员会秘书长

特邀顾问单位：深圳市创想公益基金会
　　　　　　　中国建筑装饰协会设计委员会
　　　　　　　中国高等院校设计教育联盟

课题顾问委员会（相关学校主管教学院校长）

顾问：	中央美术学院副院长	苏新平	教授
	清华大学美术学院副院长	张　敢	教授
	天津美术学院院长	邓国源	教授
	匈牙利（国立）佩奇大学	巴林特	教授
	苏州大学金螳螂建筑与城市环境学院院长	吴永发	教授
	四川美术学院院长	庞茂琨	教授
	山东师范大学校长	唐　波	教授
	青岛理工大学副校长	张伟星	教授
	山东建筑大学副校长	韩　锋	教授
	吉林建筑大学副校长	张成龙	教授
	广西艺术学院院长	郑军里	教授
	湖南师范大学	蒋洪新	教授
	湖北工业大学副校长	龚发云	教授
	吉林艺术学院院长	郭春方	教授
	中南大学	张荛学	教授
	西安美术学院	郭线庐	教授

媒体支持：　创基金网
中装新网
中国建筑装饰网

教务管理（课题院校）：

中央美术学院教务处	王晓琳	处长
清华大学美术学院教务处	董素学	主任
天津美术学院教务处	赵宪辛	处长
苏州大学教务处	唐忠明	处长
四川美术学院教务处	翁凯旋	处长
山东师范大学教务处	安利国	处长
青岛理工大学教务处	王在泉	处长
山东建筑大学教务处	段培永	处长
广西艺术学院教务处	钟宏桃	处长
吉林建筑大学教务处	陈　雷	处长
湖南师范大学教务处	蒋新苗	处长
湖北工业大学教务处	马　丹	处长
吉林艺术学院教务处	郑　艺	处长
中南大学教务处	王小青	处长
西安美术学院教务处	李云集	处长
中国建筑工业出版社	唐　旭	主任

名企支持：　中国建筑装饰协会设计委员会
中国建筑设计研究院
北京清尚环艺建筑设计研究院
J&A杰恩创意设计公司
苏州金螳螂建筑装饰设计研究院
青岛德才建筑设计研究院

课题主题：　旅游风景区人居环境与乡建研究

2017创基金（四校四导师）4×4实验教学课题
“旅游风景区人居环境与乡建研究”主题设计教案

课题性质：公益自发、中外高校联合、中国建筑装饰协会牵头
资金来源：创想公益基金（部分费用需自筹）
实践平台：中国建筑装饰协会、高等院校设计联盟
教学管理：4×4（四校四导师）课题组
教学监管：创想公益基金、中国建筑装饰协会
导师资格：相关学科带头人、副教授以上职称，讲师不能作为责任导师（注明职称）
学生条件：硕士研究生二年级学生（报名必须注明学号）限定24名
指导方式：打通指导学生，不分学校界限、共享师资
选题方式：统一课题、按教学大纲要求，在责任导师指导下分段进行
调研方式：集体调研，邀请项目规划负责人讲解和互动
课题规划：调研地点湖南、开题答辩地点青岛、中期答辩地点武汉、终期答辩在匈牙利佩奇大学举行
教案编制：课题组长：王铁教授
原则责任：确定参加课题的导师与学生如果中期退出课题责任自负，同时影响今后参加课题

课题	课　　题：旅游风景区人居环境与乡建研究教学大纲 课题日期：2017年04月~2017年09月 课题说明：申请参加终期境外答辩、展览的人，订机票需要拿到邀请函后方可到匈牙利大使馆申请，境外居住预订飞机票需要各学校导师组织，计划内师生课题结束后需按要求提出成果，在课题组通知的时间内报销，过时间视为放弃。 佩奇大学教学活动内容： 1. 终期答辩，2. 颁奖典礼，3. 成果展览，4. 参加佩奇大学650年校庆活动。 签证时间：2017年07月20日送签证，07月31日收取 出发时间：2017年08月10日 返回时间：2017年09月10日		
课题院校	课题责任教授 组长： 中央美术学院博士生导师、建筑设计研究院院长、匈牙利佩奇大学工程与信息科学学院博士生导师（学校二级单位） 王　铁 教授 副组长： 清华大学美术学院环境艺术设计系 硕士生导师（学科带头人）、匈牙利佩奇大学建与信息学院客座教授　张　月 教授		

导师学生	委员（排名不分先后）： 1. 广西艺术学院院长（副部级） 郑军里 教授（自费） 2. 四川美术学院科研处长（学校二级单位）、硕士生导师 潘召南 教授 3. 天津美术学院环境艺术与建筑设计学院院长、硕士生导师，（学校二级单位）匈牙利佩奇大学建筑与信息学院客座教授 彭 军 教授 4. 西安美术学院建筑环境艺术系主任、硕士生导师 周维娜 教授 5. 广西艺术学院建筑艺术学院院长、硕士生导师（学校二级单位）江 波 教授（自费） 6. 山东师范大学美术学院硕士生导师（学科带头人） 段邦毅 教授 7. 山东建筑大学艺术学院硕士生导师（学科带头人） 陈华新 教授 8. 吉林艺术学院环境艺术设计主任、硕士生导师 唐 晔 教授（自费） 9. 吉林艺术学院环境艺术设计副主任、硕士生导师 刘 岩 教授 10. 湖北工业大学艺术设计学院硕士生导师（学科带头人） 郑革委 教授 11. 江西师范大学美术学院环境艺术设计系（学科带头人） 刘星雄 教授（自费） 12. 匈牙利佩奇大学建筑与信息学院 金 鑫 助教 13. 中南大学建筑与艺术学院硕士生导师（学科带头人） 陈翊斌 副教授 14. 广西艺术学院园林景观系主任、硕士生导师 陈建国 副教授 15. 内蒙古科技大学艺术设计学院（学科带头人） 韩 军 副教授 16. 青岛理工大学艺术设计学院硕士生导师（学科带头人） 贺德坤 副教授 17. 苏州大学金螳螂建筑学院硕士生导师（学科带头人） 汤恒亮 副教授 18. 曲阜师范大学美术学院艺术设计系硕士生导师（学科带头人） 梁 冰 副教授 19. 大连艺术学院艺术设计学院 环境设计（学科带头人） 刘 岳 助教（自费）		院校责任导师： 王 铁 张 月 彭 军 巴林特 高 比 金 鑫 段邦毅 陈华新 周维娜 潘召南 郑革委 陈建国 韩 军 贺德坤 刘 岩 江 波 郑军里 唐 晔 刘星雄 陈翊斌 汤恒亮 梁 冰

	实践导师（5人）： 20. 湖南省建筑设计研究院景观院长、硕士生导师 王小保 副总建筑师 21. 青岛知名设计师 王云童（自费） 22. 资深媒体人　北京科普兰德广告有限公司 米姝玮 23. 北京简一美居建材销售有限公司总监 巴特尔（自费） 24. 中国建筑装饰协会信息与科技委员会副秘书长 梁宏璃 其他参加匈牙利课题活动老师名单（5人）： 广西艺术学院：黄微卫 教授（自费） 青岛理工大学：谭大珂 教授（自费） 王涵乙 教授（自费） 李洁玫 讲师（自费） 张　茜 讲师（自费） 相关行业专家（4人）： 北京科普兰德广告有限公司：闫　兆 尤　斌 寇燕忠 俞　辉 学生名单（研究生14人）： 1. 中央美术学院　孙　文 2. 四川美术学院　王丹阳 3. 天津美术学院　李书娇 4. 广西艺术学院　陈　静 5. 清华大学美术学院　葛　明 6. 山东师范大学美术学院　刘　旭 7. 山东建筑大学艺术学院　张梦雅 8. 吉林艺术学院　吴剑瑶 9. 湖北工业大学艺术设计学院　彭珊珊 10. 中南大学建筑与艺术学院　刘安琪 11. 青岛理工大学　张彩露 12. 苏州大学金螳螂建筑学院　莫诗龙 13. 曲阜师范大学美术学院　张永玲 14. 西安美术学院　刘竞雄		实践导师： 王小保 王云童 米姝玮 巴特尔 梁宏璃 其他老师： 黄微卫 谭大珂 王涵乙 李洁玫 张　茜 相关行业： 闫　兆 尤　斌 寇燕忠 俞　辉

<table>
<tr><td>导师学生</td><td colspan="3">自费参加的学生（2人）：
15. 清华大学美术学院　叶子芸
16. 吉林艺术学院　史少栋

注：课题责任教授21人
实践导师5人
其他老师5人
相关行业4人
硕士研究生（研二学生）14人
自费参加学生2人
课题共计51人</td><td></td><td></td></tr>
<tr><td>课程类别</td><td>高等学校硕士研究生教学实践课题</td><td>考核方式</td><td>开题答辩：湖南长沙
中期答辩：湖北武汉
终期答辩：匈牙利</td><td>课题结题</td><td>颁奖典礼（国外）
按计划提交课题
推荐留学（博士）</td></tr>
<tr><td>课题时间</td><td>2017年04月20日 至2017年09月10日
共计：22周</td><td>课题地点</td><td>项目开题：北京
中期答辩：湖南及其他地区
项目结题：匈牙利</td><td>课题人数</td><td>55人</td></tr>
<tr><td>教学目标</td><td colspan="5">1. 课题目标
课题设定：风景园林设计方向教师组、景观与室内设计方向教师组，导师共同交叉分段指导，学生独立完成课题。引导学生解决旅游风景区的环境保护，研究宜居设计存在的问题，培养学生从理论文字出发到建立方案设计的逻辑和梳理能力，提高学生的整合分析能力，把握理论应用在实践上的指导意义。
研究要建立在调研与分析的基础上，建立从数据统计到价值体系立体思考，构建设计场域的生态安全识别理念，挖掘可行性实施价值，研究风景园林与建筑空间设计反推相关原理，提供有价值理论及可实施设计方案。

2. 技能目标
掌握风景园林与建筑空间设计相关原理与建筑场地设计、景观与室内设计的综合原理和表现。学习景观建筑建造的基本原理、规范、标准、法律等常识，以及场地分析、数据统计、调查研究的能力，掌握研究的学理思想意识。

3. 能力目标
课题研究过程中，注重培养学生思考的综合应用能力、团队的协调工作能力、独立的工作能力，同时还要培养学生在工作过程中的执行能力及其知识的获取能力。建立在立体理论框架下，鼓励学生拓展思维，学会项目研究与实践，用数据说话，重视用理论指导解决相关问题，培养学生立体思考的思维意识。</td></tr>
</table>

教学方法	1. 设计实践化 指导教师把控课题的研究过程，指导学生细化研究课题计划，展开实验与研究，要针对学生的研究方向提供参考书目，引导和鼓励学生基于项目基础开展研究模式，重视培养学生对前期调研资料梳理、场地数据的分析能力。 2. 教学方法 此次研究课题围绕共同的主题项目展开。过程包括：解读任务书、调研咨询、计划、实施、检查与评价等环节，强调项目开展的前期调研及数据分析，详细计划是开题过程中的重中之重，是研究方法与设计实施的可行性基础，是问题的解决方式的验证与改进条件，是评价研究课题成果的重要标准，同时也是评价课题的可持续发展性、可实施性、生态发展性的原则，更是提出价值问题和未来深化研究方向。 每位学生在开课题前要完成综合梳理，向责任导师汇报调研报告，获得通过后才能参加每一阶段的课题汇报。
教学内容	课题教学要求（四阶段） 第一阶段： 实地调研。出发前学生在导师的指导下阅读课题的相关资料，解读分段，制作图表，采集数据，定位文字框架。按课题要求，导师带领学生到指定地点集合，进行集体实地踏勘，确认用地范围，了解当地的气候环境、人文历史，围绕课题任务书进行探讨，指导学生课题研究，从理论支撑及其解决问题的方法入手，指导学生分析构建研究框架，本着服务学生的理念，培养学术研究能力和解决问题的能力。 第二阶段： 指导学生进行项目前期的各项准备，培养学生的数据统计能力，认识地理数据的收集的重要性，提高整理能力，保证表格与图片的准确性，整理场地的客观环境和准确分析的数据链接，从可持续发展的方向考虑问题，建立生态安全空间识别系统，有条理地对项目范围内的水文、绿地、土壤、植被、地震、生态敏感度等客观环境进行分析，文图并茂地提交成果。 开题答辩用ppt制作，内容包括对文献、数据资料的整理，结合实际调研资料编写出《开题报告》，字数不得少于5千字（含图表），为进一步深入研究打下坚实基础，开题答辩由责任导师认可后，可参加开题答辩。 第三阶段： 依据前期答辩的基础，明确研究设计主题思想，做到论文框架和设计构思过程草图相对应，指导教师在这一阶段里，要指导学生完成可研究性论证和设计方案工作，要针对学生的项目完成能力给予多方面的指导，培养学生学术理论的应用设计能力，指导学生在景观建筑设计实施过程中，如何建立法律和法规的应用，培养学生论文写作能力和方案设计能力。 中期答辩用ppt制作，内容包括对开题答辩主要内容的有序深化、数据资料与论文章节的进一步深化，结合相关资料丰富论文内容和设计内容，各章节内容及字数不得少于3千字（含图表），为中期研究建立基础并与设计方案对接，中期答辩由责任导师认可后，可参加开题答辩。 第四阶段： 培养学生理论与设计相结合的分析能力，强调建构意识，强调功能布局，强调深入的方案能力。提高文字写作能力，完成设计方案流程、区域划分，强调功能与特色、分析各功能空间之间的关系，以及形态及设计艺术审美品位，严格把控论文逻辑、方案设计表达、制图标准与立体空间表现对实施的指导意义，掌握论文写作与设计方案表达的多重关系，有效优质地达到课题质量。

	终期答辩用ppt制作（20分钟演示文件），主要内容包括2万字论文、完整设计概论方案。在责任导师的认可后可参加课题终期答辩。
项目成果	1. 完整论文电子版不少于2万字。每位参与课题的学生在最终提交论文成果时要达到：论文框架逻辑清晰，主题观点鲜明，论文研究与设计方案一致，数据与图表完整。 2. 设计方案完整电子版。设计内容完整，提出问题和可行性解决方案，设计要能够反映思路及其过程，论证分析演变规律，综合反应对技术与艺术能力的应用，表达要具有空间的立体思维。
参考书目	1.（日）进士五十八，（日）铃木诚，（日）一场博幸．乡土景观设计手法[M]．李树华、杨秀娟、董建军译．北京：中国林业出版社，2008. 2. 伯纳德·鲁道夫斯基．没有建筑师的建筑[M]．高军译．北京：天津大学出版社，2011. 3. 彭一刚．传统村镇聚落景观分析 [M]．北京：中国建筑工业出版社，1992 . 4. 陈威．景观新农村[M]．北京：中国电力出版社，2007. 5. 王铁等．踏实积累——中国高等院校学科带头人设计教育学术论文．北京：中国建筑工业出版社，2016. 6. 西蒙兹．景观设计学[M]．俞孔坚译．北京：高等教育出版社有限公司，2008. 7.（苏）阿尔曼德．景观科学理论基础和逻辑数理方法[M]．李世玢译．北京：商务印书馆，1992，03. 8. 芦原义信著．外部空间设计[M]．尹培桐译．北京：中国建筑工业出版社，1985，3. 9. 孙筱祥．园林设计和园林艺术[M]．北京：中国建筑工业出版社，2011. 10.（美国）克莱尔·库珀·马库斯，（美国）卡罗琳·弗朗西斯．人性场所：城市开放空间设计导则[M]．俞孔坚译．北京：中国建筑工业出版社，2001. 11. 周维权．中国古典园林史[M]．北京：清华大学出版社. 12.（英）杰弗瑞·杰里柯，（英）苏珊·杰里柯．图解人类景观：环境塑造史论[M]．刘滨谊译．上海：同济大学，2006. 13. 舒尔茨著．存在·空间·建筑[M]．尹培桐译．北京：中国建筑工业出版社，1990. 14. 盖尔著．交往与空间（第四版）[M]．何人可译．北京：中国建筑工业出版社，2002. 15. 朱文一．空间·符号·城市[M]．北京：中国建筑工业出版社，1993. 16. 麦克哈格著．设计结合自然[M]．黄经纬译．天津：天津大学出版社，2006. 17. 肯尼思·弗兰普敦．建构文化研究[M]．王骏阳译．北京：中国建筑工业出版社，2007.
备注	1. 课题导师为高等学校相关学科带头人，具备副教授以上职称，具有指导硕士研究生三年以上的经历。学生限定研二第二学期学生。 2. 研究课题统一，题目“旅游风景区人居环境与乡建研究”，4月调研，5月开题，7月中期答辩，9月1日完成研究课题。

	3. 境外国立高等院校建筑学专业硕士按本教学大纲要求执行，在课题规定时间内到达指定地点报到，在中国研究三个月，中期答辩后到匈牙利参加在佩奇大学的终期答辩和颁奖典礼。 4. 课题奖项：一等奖2名，二等奖4名，三等奖6名。获奖同学在2018年5月中旬报名参加推免考试，通过后按相关要求办理2018年秋季入学博士课程，进入匈牙利佩奇大学波拉克米海伊工程信息科学学院攻读博士学位。 5. 参加课题院校责任导师要认真阅读本课题的要求，承诺遵守课题管理，确认参加教学大纲后将被视为不能缺席的成员，按时完成研究课题四个阶段的教学要求，严格指导监督自己学校的学生汇报质量。 6. 课题组强调责任导师必须严格管理，确认本学校学生名单不能中途换人，课题前期发生的直接课题费用先由导师垫付，课题结束达到标准方能报销，违反协议的院校一切费用需由责任导师负担。

说明：本教案由责任教师于开题前完成确认，并返回课题组秘书处。

课题组长的课题提示

一、重要内核系统性

中国近现代城市历史发展在一定程度上对广大的乡村造成了一些影响，不同的是中国城市建设伴随着国际上发达国家的城市先进理念，根据自身国情在近一个多世纪的实践中不断探索，特别是近代借鉴国际城市建设的相关先进法规中，形成了自己的特色。可是同时期在广阔的乡村建设中始终遗留着五千年农业文明的遗痕，回顾中国乡村建设，自古以来多以宗族式、家族式、自由抱团取暖式无序发展，直到今天乡村建设依然要面对历史遗留的问题，主要表现在无建设规范、无安全意识、无卫生条件，而且这种现象至今依然在乡村继续。

国家美丽乡村建设政策为广大的农村建设迎来了机遇。调查发现在国内边远乡村街区里依然保留着各个时期的优秀建筑，现在还可以看得出昔日的雄风。历史证明人们对有价值的历史建筑进行保护是完善科学健康的建设基础，是达到宜居建设共同价值观的体现，同时也是继承优秀文化、评价城乡系统的重要内核。近些年从世界各国对城乡优秀历史建筑及景观保护的案例中，获得了对乡村发展有价值的信息，成就了环保理念在低碳城村建设中的综合价值，有序提升了科学宜居理念。时下看到建立在多层面、多元化、综合系统下的多维思考，其成果已影响到城乡面貌的改变上。健康的城乡系统性是迈向科学管理乡村建设不可缺失的重要组成部分，是正在不断走科学管理乡村规划和建设向有序更新迈出的第一步。为此，科学升级历史乡村建设，完善乡村功能，建设具有法规的乡村街区是过渡到宜居民宿功能必须梳理的重要条件，建立规范下的系统性是应对整个城乡发展的硬件，是大环境保护下美丽乡村良性生长的依据。研究城乡生态是专业院校和优秀企业的历史责任，课题组认为实践教学课题离不开行业协会，离不开“创想基金”的支持，感谢“创想基金会”。

立体化思考是第九届“四校四导师”课题组的主张，课题开展九年来始终遵循客观公正的原则，以认真负责的态度对涉及城乡建设的问题进行研究与探索，有序地升级了中国环境设计学科教育的教学质量。教学始终保持以培养优秀学生为目的，以对接社会需求的教学理念为宗旨，强调以城乡综合居住景观功能与乡村视觉美的科学系统性为目标。所以在课题开始之际我提示参加课题院校的责任导师，在指导学生设计时必须做到严格把关，在教学中做到启发式引导学生建构意识，以系统性为基础强调教学质量。拓宽学生对于城乡生态、乡村建筑设计、环境景观、植被绿化、水体环境、设施小品、低碳理念、文脉传承、建设价值、设计信息等方面的认识，达到立体思考的设计者的素质。教与学其核心是培养更多的学生成为立体思考的优秀设计人才，用更加多维的思考理解城乡环境生态发展的过程，理解乡村环境走向法规化建设中相互渗透的节点，促使研究乡村宜居街区新情感与历史情感的有机对接。我希望2017年的“四校四导师”是中外课题院校研究城乡宜居环境系统性的平台，城乡宜居环境研究成为2017年“四校四导师”首选课题，以此夯实中外16所高等院校继续合作研究的课题，成为高质量的加油站、工作站。

二、无偏差的有序性

九年来，“四校四导师”课题成果影响到参加院校教师的毕业设计教学，完整的实践教学模式已反映到教学研究中与学生就业工作单位上，得到了各方面高度的评价，课题正有序地得到相关业界同行的广泛认可。从设计企业反馈的高度评价，激励了课题组团队导师继续完善实验教学与探索的信心，成为继续探索教学的动力源。接下来责任导师在指导学生时必须强调，在城乡建设发展的现阶段，有序性规范乡村法规将在乡建实施中起到核心作用，做到总平面与功能分区交通畅通是核心价值。因此，有序学习先进国家的城市建设经验，分析必须建立在理性基础上，科学技术与艺术表现是教授学生的基本原则。对于学生而言，主要掌握两个方面：一是对接城乡主线道路的国家规范与乡村道路，如何对接村镇；二是掌握乡村道路与区域空间内宜居建筑的规范，再次提醒责任导师“有序性”，特别是环境设计学科出身的教师在指导学生的时候，综合理解建构技术与艺术设计的相关学科知识，用立体思维指导学生。把握主线专业与两翼学科之间的构成架构，表现设计强调“有序性”理念，即村域与主次道路合流后的系统设计，在法规准许下流畅设计，分段梳理，科学智慧地进行所辖功能街区小环境设计，在可控条件下创新，在宜居建筑设计、景观设计中形成互动，做到既丰富了环境，又创造出与当下科技时代相适应的乡村民宿，只有这样才能够创造出“有序性”，规范教学，规范自己，做到双提高。美丽乡村建设之美是时代的选择，服务意识是教师的职业道德，丰富的知识结构是保证教师岗位的第一条件，立体思维是确保指导学生无偏差的可靠保障，在人生职业教育“点、线、面”的层次关系上真正做到中国设计教育职场上的“有序性”，才是合格伯乐。

三、技术是保障艺术性的基础

当今城乡宜居和公共环境建设是广义的，教师综合设计能力是最经得起考验的，知识只有与实践相结合，才能验证出伯乐的能力。美丽乡村建设是值得研究的课题，实现目标必须要掌握与之相关的专业技术知识。塑造乡村整体艺术性必须首先考虑到技术保障，艺术表现方法是末段，基础在当下乡村建筑设计与景观设计中非常重要。当你面对复杂群体的建议时，显现出的是综合专业知识能力和处理事务的智慧，因为当下参与乡村设计群体已不仅仅以设计师为主，国家强调的是民意与一个实现它的强有力的班子。所以在关心乡村建设的群体中：不仅有建筑师和景观设计师，还有人文学家、社会学家、综合艺术家、管理经营者等多学科专家。这使乡村街区建筑设计与整体景观设计在思考中放大了综合性，需要教师用“分辨力”，同时也给教师提出更高要求，即“专业智慧”。

教师在教学生中，强调技术手段在教学中不仅是为理性创意，更重要的是技术保障下的可控发展，由于乡村街区民居建筑设计与景观设计离不开国民素质基础，离不开环境意识，脱离不了与自然有着密切关系的主题墙，科学地融入低碳理念是艺术性的不可抗拒的基础。教师建立综合能力下的一体化设计教学研究是未来乡村综合环境艺术表现方法的研究课题。可以说，乡村公共环境中的艺术性表现是彰显国民综合素质的窗口，科学立体思考是理性建设下高素质的未来，理性科学是防止乡村街区景观成为部分艺术家个人的陈列商场的最后防火墙。

总之，全体责任导师在研究实践教学上，要抓住主题，研究教学的价值和下一步的目标，思考无偏差的有序性，技术是保障艺术性的基础，艺术表现基础是实验教学课题过程中值得重视的重中之重。

王铁教授

2017年6月于北京中央美术学院

2017创基金（四校四导师）4×4实验教学课题
实验教学计划表

一、课题调研

承办单位：湖南省建筑设计研究院景观设计所、中南大学

选题计划	日期	授课内容	
		计划安排	教师队伍与相关信息
课题研究资料由湖南省建筑设计研究院提供	2017年04月 20日（周四） 21日（周五） 22日（周六） 23日（周日） 现场调研 调研承办： 湖南省建筑设计研究院景观设计所、中南大学	课题调研承办： 湖南省建筑设计研究院、中南大学 地点：长沙 04月20日长沙（入住酒店出发前一周通知）全天报到。当晚20:00开导师工作会。 04月21日早8:30在入住酒店大厅集合前往调研基地，专家现场讲授。详细内容见教学通知。 注：办理酒店退房。	王铁、张月、彭军、巴林特、阿高什、金鑫、段邦毅、陈华新、周维娜、潘召南、郑革委、陈建国、韩军、贺德坤、刘岩、江波、郑军里、唐晔、刘星雄、陈翊斌、汤恒亮、梁冰
		04月22日，志愿者引导入住课题组指定酒店，相关内容详见当天通知。 当晚20点开导师工作会。 04月23日早8:30早餐后办理酒店退房，导师带领学生返校。 注：佩奇大学3名学生04月20日到中国湖南报到，相关信息详见通知。	提示： 1. 导师按课题要求指导学生完成课题调研及各项工作，阅读理解课题大纲，为学生创造良好的调研与实践条件。 2. 督促学生完成调研与论文写作、设计作品，确保研究课题质量。 3. 导师要认真准备在匈牙利佩奇大学的作品展，范围包括建筑设计、景观设计、室内设计。

二、开题汇报

承办单位：青岛理工大学

<table>
<tr><th rowspan="2">选题计划</th><th rowspan="2">日期</th><th colspan="2">授课内容</th></tr>
<tr><th>计划安排</th><th>教师队伍与相关信息</th></tr>
<tr><td rowspan="2">项目开题</td><td rowspan="2">2017年06月
12日（周一）
13日（周二）
14日（周三）
开题答辩计划三天完成。
青岛理工大学</td><td>课题开题答辩承办：
青岛理工大学
地点：青岛
06月12日青岛（入住酒店出发前一周通知）全天报到。当晚20:00开导师工作会。

06月13日早8:30在入住酒店大厅集合前往答辩会场；9:00开题汇报，学生15分钟汇报，5分钟教授指导；12:00~13:00午餐；13:10分开始开题汇报，19:00开题汇报结束。

06月14日早8:30在入住酒店大厅集合，导师带领学生返校。
注：办理酒店退房时按要求开具入住酒店发票。</td><td>王铁、张月、彭军、巴林特、阿高什、金鑫、段邦毅、陈华新、周维娜、潘召南、郑革委、陈建国、韩军、贺德坤、刘岩、江波、郑军里、唐晔、刘星雄、陈翊斌、汤恒亮、梁冰</td></tr>
<tr><td>提示：
1. 阐述调研成果，提出论文研究计划，整理文献综述。
2. 演示PPT文件制作（标头统一按课题组规定制作）。
3. 日常内审均由各校责任导师负责，确保课题研究质量。</td><td>教师团队教学，合理整合教学资源，积极为学生搭建良好的研究与实践平台，课题院校责任导师需要在开题答辩前进行不少于三次辅导。</td></tr>
</table>

三、中期汇报

承办单位：湖北工业大学

<table>
<tr><th rowspan="2">选题计划</th><th rowspan="2">日期</th><th colspan="2">授课内容</th></tr>
<tr><th>计划安排</th><th>教师队伍与相关信息</th></tr>
<tr><td rowspan="2">中期答辩</td><td rowspan="2">2017年07月16日（周日）
17日（周一）
18日（周二）
湖北工业大学</td><td>课题开题答辩承办：
湖北工业大学
地点：武汉（流程提前两周发给参加课题单位）
07月16日全天报到。

07月17日8:30~12:00中期汇报；12:00~13:00午 餐；13:00~19:00中期汇报结束。

07月18日早餐后在入住酒店大厅集合，导师带领学生返校。
注：办理酒店退房时按要求开具入住酒店发票。</td><td>王铁、张月、彭军、巴林特、阿高什、金鑫、段邦毅、陈华新、周维娜、潘召南、郑革委、陈建国、韩军、贺德坤、刘岩、江波、郑军里、唐晔、刘星雄、陈翊斌、汤恒亮、梁冰</td></tr>
<tr><td>提示：
1. 检查中期研究进展，把握整体成果。
2. 分析研究存在的问题及合理化解决对策。
3. 提出深化研究的具体要求，完善逻辑框架。
4. 丰富研究与设计构思概念及表达。
5. 修改演示汇报PPT文件（标头统一按课题组规定），常态内审均由各校责任导师负责，确保无误，为终期答辩建立高质量的成果打下基础。</td><td>严格把控论文框架逻辑，导师要规范指导设计，使其规范化，突出设计在场地的适宜性、可建设性。

佩奇大学3名学生06月18日返回匈牙利，相关信息详见通知。</td></tr>
</table>

四、终期答辩与颁奖典礼

承办单位：匈牙利佩奇大学

<table>
<tr><th rowspan="2">选题计划</th><th rowspan="2">日期</th><th colspan="2">授课内容</th></tr>
<tr><th>计划安排</th><th>教师队伍与相关信息</th></tr>
<tr><td rowspan="2">终期答辩
颁奖典礼</td><td rowspan="2">2017年08月20日（周日）出发到匈牙利进行结题答辩、颁奖典礼，参加650年校庆，举办学生优秀作品、导师作品展。

2017年09月05日（周二）返回中国。</td><td>课题承办：
匈牙利佩奇大学
08月20日（周日）课题组全体师生集体出发前往匈牙利佩奇市。
08月21日（周一）详见课题组计划。
1. 准备师生作品展布展。
2. 准备课题终期答辩，颁奖典礼。
3. 参加佩奇大学650年校庆活动。
4. 期间组织调研国家城市与历史建筑。
5. 09月05日（周二）返回中国。</td><td>王铁、张月、彭军、巴林特、阿高什、金鑫、段邦毅、陈华新、周维娜、潘召南、郑革委、陈建国、韩军、贺德坤、刘岩、江波、郑军里、唐晔、刘星雄、陈翊斌、汤恒亮、梁冰</td></tr>
<tr><td>提示：
1. 导师最终指导学生论文、设计成果，评价学术逻辑能力。
2. 学生最终完成答辩演示PPT文件制作（标头统一按课题组规定制作）。
3. 按计划完成学术交流计划，认真参加佩奇大学的校庆相关活动。
4. 课题组与各校责任导师要对学生安全负责，确保研究课题质量。</td><td>指导教师要严格遵守教学大纲要求，认真负责，确保课题研究的高质量。</td></tr>
</table>

注：请责任导师和课题学生严格按照上述计划执行。教学流程待相关信息确定后发布正式文本。

经费由创想基金会提供，课题组按研究计划落实到教学大纲。

国际合作院校导师和学生课题期间往返机票及住宿由课题组负担。中国院校经费采取先由责任导师垫付，结题后按要求报销的原则。

学生在课题中途退出，所花销的费用全部由责任导师负担。

中国内交通费：飞机和高铁一等座不能报销，出租汽车费用不在报销计划内。

参加课题院校师生必须遵守课题组的教学管理，按教学计划执行。

2017创基金·四校四导师·实验教学课题

2017 Chuang Foundation · 4&4 Workshop · Experiment Project

责任导师组

中央美术学院
王铁　教授

清华大学美术学院
张月　教授

天津美术学院
彭军　教授

四川美术学院
潘召南　教授

山东师范大学
段邦毅　教授

山东建筑大学
陈华新　教授

西安美术学院
周维娜　教授

佩奇大学
巴林特　教授

佩奇大学
金鑫　助理教授

湖北工业大学
郑革委　教授

中南大学
陈翊斌　副教授

湖南师范大学
王小保　副总建筑师

佩奇大学
阿高什　副教授

广西艺术学院
陈建国　副教授

吉林艺术学院
刘岩　副教授

曲阜师范大学
梁冰　副教授

青岛理工大学
贺德坤　副教授

苏州大学
汤恒亮　副教授

2017创基金·四校四导师·实验教学课题

2017 Chuang Foundation · 4&4 Workshop · Experiment Project

课题督导

刘原

实践导师组

孟建国

于强

吴晞

姜峰

琚宾

林学明

石赟

戴昆

裴文杰

特邀导师组

韩军

曹莉梅

门里门外
Inside and Outside

中央美术学院 王铁教授
Central Academy of Fine Arts,
Prof. Wang Tie

摘要：高等教育的培养模式经过历年的多次评估，评价标准和管理法规形成了中国特色，其可操作性奠定了中国高等教育培养人才模式。为更加丰富高等教育中的设计教育，全国1200多所学校设有风景园林学科、景观设计专业、室内设计专业。自2013年高等学校风景园林学科专业指导委员会正式成立以来，探讨如何培养高质量的设计人才、建立培养青年教师当中的学科带头人平台，相关高等学校举办多种形式的学术活动，拉动这一新兴学科的培养人才机制，直到目前没有一所学校能够拿出完整的指导性专业规范。艺术类高等院校基本上维持30多年前的办学方针，所不同的是对外开放加快走出去的脚步，师资素质和教育背景至今达不到专业学科规范要求，为此成效不十分理想。理性分析，认识自我，推动全方位交流，借助国内高等院校之间的差距，优势互补能够探索如何解决目前高等院校设计专业教育的一些问题，即探索中国高校间学科带头人的合作研究框架。以王铁教授为核心，与张月教授共同发起，联合16所国内外高等学校开展4×4实验教学研究课题，经过九年努力和坚持，探索出中国高等院校实验教学可行的一条路，解决“门里”资源组合。

交流是世界高等学校设计教育发展的价值，认知科技时代立体思考是空间设计教育不可缺少的重要核心价值。为填补实践教学中出现的教师专业缺欠与不足、学苗的缺欠与不足（艺考生群体让中国设计教育成长增添很多问题），面对学制四年和五年的、工学学位和文学学位的学校，以及教师和学生的实际情况，探讨广域交流是弥补学科问题的共享平台。课题尝试迈出国门与欧洲名校进行实验教学互补。2014年底深圳创新基金会全额捐助4×4实验教学研究课题，2015年3月王铁教授与匈牙利（国立）佩奇大学工程信息科学学院签订五年合作教学协议。几年来，课题组先后以共同研究课题为出口，将参加课题优秀教师、获奖学生（部分全额免除）送往匈牙利（国立）佩奇大学工程信息科学学院攻读博士研究生、硕士研究生，来自于各方面的认可坚定了课题的正确追求，解决了学校和家长的后顾之忧。九年来已出版课题学术成果18本，特别是2017年课题组带领全体师生参加匈牙利（国立）佩奇大学650年校庆活动，在欧洲一带一路的名牌大学进行实验教学的终期答辩、颁奖典礼，举办16所中国高等院校设计学科带头人的100幅作品展，同时将一带一路城市文化设计联盟的牌子挂到匈牙利（国立）佩奇大学的大厅。作为学科方向自愿公益的联合体4×4课题组，为中国高等教育实验教学国际学校间交流探索积累了可鉴的案例，建立了“门外”平台。

在匈牙利（国立）佩奇大学650年校庆活动傍晚，音乐会入场前，与前来参加校庆盛典活动中国驻匈牙利大使馆教育组负责人吴华先生的交谈，让全体课题师生倍感鼓舞，吴华先生说：你们的学术活动我早就听说了，我代表中国政府支持你们，中国有物有力，欢迎2018年在布达佩斯举办活动。

关键词：门里门外；教师专业；学苗缺欠；门里资源；门外平台；探索积累

Abstract: The training mode of education has been evaluated many times over the years, and the evaluation standard and management regulations have formed the Chinese characteristics, the operability has established the training talents model of China's higher education. In order To enrich the design education of higher education, more than 1200 schools in China have landscape architecture, landscape design and interior design. Since the establishment of the professional steering committee on landscape architecture of higher schools in 2013,discusses how to cultivate high quality design talents, to set up the training of young teachers leader platform, the relevant institutions of higher learning to hold various kinds of academic activities, pull this emerging discipline fosters the talent mechanism, until now no one school can take out full guidance professional norms. Art colleges and universities have basically maintained the policy of running schools more than 30 years ago. The difference is that the frequency of opening to the outside world is accelerated, and the teacher quality and education background have not reached the requirements of professional subject codes, so the results are not very satisfactory. Rational analysis of self-understanding, and promote all-round exchanges, with the aid of the gap between domestic institutions of higher learning, the complementary advantages to explore at some problems of design professional education in colleges and universities, which explores the leader of the cooperation between Chinese universities and research framework. Professor Wang Tie as the core, with professor Zhang Yue co-sponsored, carried out the 4 × 4 experiment teaching research project, And this project united 16 domestic and foreign institutions of higher education, after nine years of hard work and persistence, the "4 × 4" group explored the experimental teaching in colleges and universities in China step and solve the problem of domestic education resources combination.

Communication is the value of education development in the world's higher schools. Cognizing era of science and technology and stereoscopic thinking are the indispensable core value of space design education. In order to To fill the gaps in teachers' practice of education, and the lack of professional knowledge in students, In the face of four years and five years of study, a degree in engineering, or in literature. It is a way to make up the above problems that discuss the wide - domain communication. The project attempts to go abroad to the European universities to carry out experimental teaching complementarity. At the end of 2014, Chuang Foundation of Shenzhen donated the "4 × 4" Experimental teaching project, which initiated the five-year cooperative teaching agreement between professor Wang Tie and the school of Information Technology University at Pécs of Hungary (national) in March 2015. For several years, the research group has been working on the topic. We have sent the outstanding teachers and students of the project (part of the total exemption) to Hungary university of Pécs.

From all aspects of recognition, the correct pursuit of the subject has solved the worries of the school and parents. For nine years, 18 academic achievements have been published,In particular, in 2017, the group led the faculty and students to participate in the 650 anniversary celebration of the university of Pécs in Hungary. In the final stage of the experimental teaching at the famous university of One Belt And One Road in Europe, the prize presentation ceremony was held in the exhibition of 100 works of the leaders of design disciplines of 16 universities in China. At the same time, the brand of One Belt And One Road city culture design union was hung in the hall of the university of Paige in Hungary. The "4 × 4" group, a consortium of voluntary public interest in the discipline direction, has accumulated a good example of the exchange and exploration of China's education experimental teaching international school, and established a platform outside the door.

Prior to the evening reception of the 650-year anniversary of the university of Paige in Hungary, Mr. Wu Hua who is the head of the education group of the Chinese embassy in Hungary, speak with Professor Wang Tie, which inspire students and teachers, Mr. Wu Hua said I have heard about your academic activities. On behalf of the Chinese government, I support you. And China has a strong interest in hosting the event in Budapest in 2018.

Keywords: Inside and Outside, Professionalism of Teachers, Quality of the Students, Domestic Education Resources, International Exchange Platform, Exploration and Accumulation

一、走出与回归

自恢复高考以来，中国特色高等教育培养出无数优秀人才，特别是科技板块和经济板块在国际舞台上绽放出中国学者价值，让世界智者为中国点赞。从国门一开无数中国人留学世界各国名校那一天开始已近40年，完成学业后留在各国家工作扎根的人才类型，以经济学和应用科学居多，原因就是发达国家缺少相关人才。相比同期留学发达国家的学习文化艺术方向的优秀人才，如今多数人只能选择回国找工作，究其原因是发达国家文化艺术发展出现乱象放飞的评价标准，自由性如钟表一时一刻都无法锁定，观念自20世纪70年代到今天没有根本的变化。综合原因是整体社会前进速度放慢，科技与经济发展更是滞后许多，发展中的东方文化艺术家融不进西方文化圈子，选择回归故土这是主要诱因。对比中国近40以来文化艺术发展，同样没有根本性改变，原因是复杂的。科技时代信息告诉人们奔向未来发展离不开大数据，逐渐更多的智者理性认识到，未来领跑和拉开智能通道大门的是科技与经济。现代文明从工业革命开启，经过科学普及成长阶段，过渡到今天的智能科技时代，今后设计教育和实践智能科技是主导。活跃在世界前卫艺术舞台上的艺术家，近年利用科技手段创作现象已出现，作品内容和表现场所都是城市主要广场，观察其作品内涵可以获得信息（1.0版艺术家科技作品）。然而现实中众多艺术家创作无法抗拒传统观念，作品表现始终保持传统文化艺术不变的创作法则，无数人无意识地排着队，不知不觉地走入非物质文化的殿堂，智能科技离他们远去，并画上一条不可逾越鸿沟。鼓励创新是教育的明天，在智能科技的催促下新文化与新艺术在科技生态环境中渐渐长大，相信不远的将来审美将伴随大数据智能科技不断成长，融入空间设计领域创作而重新智慧定位。验证不同阶段的人类进步，靠的是视野和前瞻性，科技的影响力从传统文化过渡到未来艺术创作与空间设计中是不可抗拒的磁力，相信大数据智能科技将撬动传统文化，引领未来文化艺术向更广域的智能世界进发。因此探索在高等教育实验教学中融入智能科技意识、在未来教学实践中将起到举足轻重的核心价值。有理由相信今天大数据智能科技下的空间设计教育实践，将为日后的创造和实践奠定可能的同智同原基础。

智能科技下艺术与空间设计是今后的创作趋势，手机改变人了人们的生活方式，人类在现实面前承认小小手机的未来是不可低估的。为此了解智能科技下的规划设计、建筑设计、景观设计是教学急需，理性从结构体系、多种角度出发重新建构环境设计教学大纲，建立高质量教学体系是第一步。防止设计教育乱象连锁反应下“教与学对等累”，即教师不停增加教学工作量，学生不停地做作业。教师没有时间写论文和参加社会实践，教学质量和课程质量出现问题，消耗很多人的追求。究其原因是管理者理念出了问题，即“学生不用功也不能让他们闲着”，提出只有给老师加码，强度出口自然会落到学生头上。如今国内院校学习空间环境设计专业的学生，每天忙于大量的各种作业叠加成为常态，没有时间读书，没有时间思考创意。教师评价学生的标准方法，是用按时交上来的作业评价学生的合格与否，即便是这样，学分制末位淘汰在中国高校始终得不到真正落实。大量作业的后果是助长了学生成为无逻辑的网络比拼高手，这就是满负荷的教学追求的成果吗？改变必须从管理者开始，从教师开始，从教学大纲开始。只有留有充足的自学时间，才是保障学生创新的动力原。国家针对国情调整发展制定规划是五年一次，学校面对社会人才需求，修改教学大纲也要保证五年一次，否则高等教育将与国家的人才需求失去联动。

在教育板块教者与学者将面对3D打印建造技术兴起的关联转型，重新认识精准度上的美感如何把握？教学如何改进？需要理性认知思考设计教育创新价值。宏观看，今后的设计流程已不是传统意义上的设计师先画出图形，构造技术设计按部就班地被动跟进的工作方法，创造出的作品会与智能科技有五代差距，为此是时候建立大数据技术优先的设计理念、探索高效低碳的功能空间在智能科技平台主导下的审美价值观了，培养立体而适应变化的专业人才是高等教育空间设计专业保持存在感的价值，今后鼓励创造具有高度科技审美新价值的智能设计作品，是中国大学实验教学责任导师们永远在路上的不懈追求。

回顾欧洲自创立大学教育培优秀养人才，发展过程已近七个世纪左右，而中国高等教育发展仅仅120年，如何追赶？中国人智慧地提出“弯道超车”理念获得了可喜的成功，可如何对待弯道以外的直行人群，值得深思。国家综合实力的不断提升，吸引近五年中国大批留学生返回祖国工作，普遍理性认识到留学拿到一纸文凭或加入国籍安稳度日，成为有文化的劳动者已不是目的。在时代发展背景下看东方的大国正在崛起已成为亮点，为自己祖国服务已逐步成为海外学子的追求。特别是当下世界的城市设计、建筑设计、景观设计主战场在中国的现实，表明面对留学归来有境外工作经验的优势人才大军大门已全面敞开。近九年的4×4实验教学研究探讨与思考，国内空间环境设计教育不断培养人才的优势在哪里？沉痛思过后补强成为不断更新的利器，课题团队综合素质是基础，创新理念才能够延续发展，理解打铁还需自身硬的真正价值。通过合作课题发现至今国内许多院校环境设计学科仍然在探寻师资队伍专业化，为达到教育部学科管理规范化要求，教学管理负责人尽量减少第一学历非本专业的授课教师比例，鼓励专业精通、基础扎实的教师进行探索、研究与实践，学校管理者要加大发现拔尖教师总量，建立高素质育人团队建设。然而时至今日在相当多的高等学校里，特别是担任院系领导学科带头人岗位上的教授，专业的第一学历与从事的专业教学方向仍然不到位，面对今天的中国这部分人群何时能够专业化？改变成为追求高质量学科建设的当务之急。

思考4×4实验教学研究探讨为课题责任导师自我评估起到什么作用？相信连续参加九载而不断努力教学的伯乐自有各自建立评价机制的能力。教师的知识结构体系决定高等教育发展基石是否坚固，教师主动加强自我知识结构换代是防止早衰早退的安全阀。这就是九年来4×4实验教学的动力，目的就是培养大批掌握技术与艺术的优秀年轻教师，近五年课题组架桥与欧洲高等学校共同打造课题研究联盟是走出去的目的。从通过4×4实验教学出国留学的师生质量验证了课题价值，得到了匈牙利（国立）佩奇大学校方的认可，有理由相信这些留学人才将在实验教学今后的广域平台上，成为空间设计教育栋梁，架接更广域的交流，丰富具有高度综合审美能力的立体人生，为一带一路国策共享华夏智慧平台。综上所述，课题的成果足以证明4×4实验教学价值，反映出学子的走出与回归已进入常态，在培养人才的道路上课题组将继续坚持探索研究，用成绩回报社会。

二、校正质量

智能科技逐步影响空间设计教育全域体系中的风景园林学科、环境设计学科的发展，经过四十年的中国高等教育设计学科，为什么还是达不到国家教育部要求值得深思。回顾环境设计专业发展历史，证实学科起源存在问题。首先引起问题源头的是“学子艺考生”群体现象，人人皆知偏科的小苗天生有残缺。另外一个原因是该学科源起较复杂、师资多元化、学生单科化、教学始终不能形成完整的课程大纲内容，有风即变是其生存追求，究其原因是一直在路上徘徊，过于沉重的课程体系制约了发展，学科精英主体是谁，课程重点在什么地方，培养什么样人才，这些问题始终困扰着教学管理，出现教学群体不能及时而精准锁定目标的现象，更不用说对于回报欣赏者的寄托。观察发现时下国人发明了同仁圈子文化，探讨习惯是寻找共同价值环境，对于一线设计教育从业者来说，强调素质也许是戏码，其根本目的是为保证自己的饭碗。创造具有前瞻性的超视域设计教育平台根本不在其内，问题凸显到学科带头人，舵手是谁？具备舵手的综合素质吗？有没有建立设计教育资源和建立大数据概念包的能力？人才挖掘工作到位吗？是否存在部分智者从来就没有被拉入环境设计教育操作系统中的现象？今天在科技时代设计教育从业的智慧群体里，急需要更高质量“出头的椽子”。九年的坚持成果证明4×4实验教学是公益空间设计教育时代的高质量库存。解决国家空间环境设计教育大格局之中的教育实践需要千千万万个“出头的椽子”，实验教学时刻提醒伯乐自己，在国家主要矛盾转变的框架下，为迎接教师群体素质转型有准备好校正自身质量的决心吗？

常态化中国高等院校在各种评估的推动下，各大学教育机构已建立起相对完整的教学体系，不断修订的教学大纲将成为常态。教学评估每一次在面对不同组团的评估专员面前，管理者在汇报时仍然是不够全面，特别是在建立教学管理模型方面，都不愿把清晰的架构展现在专家面前，原因人人知晓。高校普遍存在选择主题进行汇报的重点都是所谓时髦的概念和未来美景，围绕所谓“特色教学与办学的特色”铺天盖地。业界同人知晓千篇一律的

佩奇大学校长为王铁教授颁发课题成果证书

王铁教授、湖北工业大学副校长王侃教授在佩奇大学为一带一路城市文化研究联盟揭牌

院校汇报其实就是为了达到教育部规定的各项基本办学指标，对于难度大的板块采取避躲到十万八千里之外，现实是学校管理者非常清楚，因为不达标者是不能参加高等院校评估活动的，甚至影响办学。为了跨进评估门槛，就必须去拜访相关已评估取得优秀的名校，仿造对方学校的模式，以过关为目突击填补和丰富自己教学管理，最终勉强达到标准化下的同质标准教学管理模式，为挂上合格的校牌子制造出繁花似锦小智慧案例。希望尽快结束这种评价标准及行业技巧，在中国环境设计学科教育的万象中，树立严谨的治学态度，在青年教师群中鼓励有探索精神的科研人群，扶植具备知识与实践能力的教师，培养大量的具有全学科思考能力的拔尖教师人才，让环境设计学科真正成为名副其实的一级学科是我等的追求。

4×4实验教学和实践探讨的价值是强调在不同国家的学校、不同地域间的学校、不同教育背景下的教师组成研究团队，打破国际和国内院校间的壁垒，开展设计全学科教育的探讨，经过九年来跨地域式的探索与实验教学研究取得了一些经验，培养出460多名优秀学生。过程中也发现一些问题，由于中国设计教育择校方式是以各专业院校先组织专业校考，然后再参加全国统一考试作为录取标准。艺考学生是根据报取名校要求的分数标准填报志愿，录取标准从350分到600分成为艺术院校的一道录取风景线，地域不同的学生成绩差距相当之大，埋下入校学习的后续问题。教师群体更是存在教育部名校与地方普通学校的区别，同样的专业却出现学科教育时间上的差异，即四年制与五年制之分，课程体系也存在质的不同，因此学校的教师人才资源更是百花齐放。找准问题点是实验教学的价值，通过九年来的公益教学，4×4实验教学已成为学生受益的课题，教师收益的尚品。教师建立了新思考模式，在教学实践中解决很多现实问题，顺应了中国设计教育的大战略方针。回顾实验教学课题在九年里，已形成研究结构框架教学生态系统，表1是课题九年来中外学校及师生信息。

2008~2017 年 4×4 实验教学课题学校、师资背景、学生背景　　表 1

序号	院校参加课题时间（年）	归属	教师背景	学生背景
1	中央美术学院建筑学院（9 年）	国立学校	工学科学位、文学学位	工学科学位
2	清华大学美术学院（9 年）	国立学校	文学学位为主	文学科学位
3	天津美术学院环境与建筑艺术学院（9 年）	市立学校	文学学位为主	文学科学位
4	苏州大学金螳螂建筑与城市环境学院（6 年）	国立学校	文学学位为主	文学科学位
5	匈牙利佩奇大学工程信息科学学院（4 年）	国立学校	工学科学位、文学学位	工学科学位
6	东北师范大学美术学院（5 年）	国立学校	文学学位为主	文学科学位
7	四川美术学院设计艺术学院（4 年）	市立学校	文学学位为主	文学科学位
8	山东师范大学美术学院（7 年）	省立学校	文学学位为主	文学科学位
9	山东建筑大学艺术学院（5 年）	省立学校	文学学位为主	文学科学位
10	中南大学建筑与艺术学院（2 年、今年中途退出）	国立学校	文学学位为主	文学科学位
11	吉林艺术学院艺术设计学院（5 年）	省立学校	文学学位为主	文学科学位
12	青岛理工大学艺术学院（6 年）	市立学校	文学学位为主	文学科学位
13	西安美术学院建筑环艺系（2 年）	省立学校	文学学位为主	文学科学位
14	广西艺术学院建筑艺术学院（5 年）	省立学校	文学学位为主	文学科学位
15	湖北工业大学美术学院（3 年）	省立学校	文学学位为主	文学科学位
16	曲阜师范大学美术学院（1 年）	省立学校	文学学位为主	文学科学位
17	内蒙古科技大学艺术设计学院（3 年）	省立学校	文学学位为主	文学科学位
18	吉林建筑大学艺术设计学院（3 年）	省立学校	文学学位为主	文学科学位
19	湖南师范大学美术学院（1 年）	省立学校	文学学位为主	文学科学位
20	同济大学建筑学院（1 年）	国立学校	文学学位为主	文学科学位
21	沈阳建筑大学设计学院	省立学校	文学学位为主	文学科学位
22	哈尔滨工业大学建筑工程学院	国立学校	工学科学位、文学学位	文学科学位

注：参加院校课题组排列不分先后。

在九年的4×4实验教学课题探索中，初期由于参加各学校师资力量的差异，教育背景复杂，理不清工学科与文学艺术学科谁为主体，各学校教学大纲中的培养目标与学生素质差距大，师资与课程比例显得混乱无章，特别反映在教学辅导当中的质量标准难以把握，问题就出在教师第一学历混乱无序，锁不定教学系统主线。另外教师间存在一定的差距，从课题成果出版物可以证实，特别是近三年的教师论文和学生作品证明了4×4实验教学课题的价值，继续发展的原因不仅仅是取得了相关学校领导、行业协会、创想基金会的支持，更重要的是得到了参加课题学生、同仁的广泛认可，这是鼓励了课题组全体教师继续努力的加油站。

4×4实验教学课题目标是走出校际间的学科带头人公益探索，解决目前中国设计教育的部分现状。如：教师的能力与教学大纲要求存在一定的差距，甚至存在教学大纲中的规定与培养目标上的各种差异，解决研究人才与实践人才的培养目标，理性建构培养研究型人才与对接实践，解决学生知识面与运用上的不对位，甚至达不到教学大纲中培养人才的要求。目前中国设计教育“教与学”现象是教师与学生相互间发现对方的共同缺点，如何解决问题？对于教师首先要提高专业学科要求下的综合能力，能够引领学生进入正确学习道路，成为优秀导航仪功能的品牌教师，即使“师傅领进门，学习在个人”的古训得到发扬。也许提高优秀教师地位是建立坚实教学框架的办学法理基础。推断今后在美术学院和综合性大学，评价教学大纲与优秀师生的标准就是看学校选择有什么能力的教师站在讲台上，能否区分技术与艺术原理，能否融入科技概论，把握设计创新教育与实践的脉搏。

今后设计教育的探索过程，首先是师资问题，这是当今世界教育要解决的头等大事，回避是无法解决设计教育未来发展问题的。通过课题合作与欧洲650年历史的匈牙利佩奇大学师资水平相比，中国院校教师的短板是部分学校专业教师还不够专业，在立体教学架构体系与个人综合素质上有待补强。中国学生在设计基础与建构意识和图示表达与色彩表现方面喜忧参半，一般性逻辑概念相对匈牙利佩奇大学学生要好一些，缺点就是课题量过大，设计表达只是停留在表象处理阶段，这是不争的事实。几年来在每一个阶段评出的优秀学生作品面前，导师反思是辅导得好还是学苗好？内心都有一杆秤，也许导师们不愿意正面回答。不断学习先进是中华民族的优良传统，4×4实验教学课题就是要研究解决教学中存在的问题，课题组共同的目标及其核心价值就是培养学生，提高自己，改变中国高等院校设计教育存在的阶段性问题。

教学强调不能轻视在探索中发现的小问题，积累多了将会阻碍高等院校创新发展，面对宏观智能科技融入教育转型体系下的环境设计教育生态发展现实，精确锁定方向、理清问题根源、把握阶段果实，需要强大师资群体基础，更需要综合的国民素质基础，培养更多的智慧与科学认知的新学苗。再回过头来宏观看待科技时代环境设计教育综合素质转型，保有高质量教师人才梯队，才是建设科技中国环境设计教育的宏观条件，链接其中端是带动年轻教师群，打造具有创新型价值的有效板块，带动创新研究下的知识与实践相结合的团队。教学实践证明，群体的共同智慧认知是把握和影响环境设计教育实践的升级基础，是确保可行实现高价值的最终供给源，科学教育始于教师的素质和过硬本领，严格遵守教学监管执行规范是教师站在讲台上的保证，是高等院校教师探索实验教学的导航仪，更是实验教学可控的阶段性探索校正质量的安全阀。

三、差距补短

4×4实验教学课题走过九个春夏秋冬，参加课题院校累计投入教师人数：教授22人、副教授51人、讲师11人（表2中没有计入），累积培养合格学生总数487人，实践导师团队投入企业高管和设计院长为20人，在责任导师各自院校负责教学管理领导的支持下，在中国建筑装饰协会的鼎力支持下，在深圳创想基金会的大力支持下，成功地完成了每一年度的课题教学，为几百个学生家庭解决了后顾之忧，为企业和用人单位输送了优秀的设计人才，得到了业界的全面肯定，通过课题送走14名硕士研究生、5名博士研究生到匈牙利（国立）佩奇大学留学攻读学位。

总结九年实践教学，了解认识参加课题院校师资的教育背景和知识结构是研究4×4实验教学课题今后如何发展的出口，教师相互间存在的差距是教学能够继续合作的前提，目的是为了有效提高实验教学的质量。九年间，来自不同院校师生互动交流，有欢乐同享，有困难同扛，不足之处共同克服，针对教学中出现的问题对症下药，不断修正教学，研究新的合作方式，发现问题、解决问题是4×4实验教学课题存在的价值，归纳十点为今后实验教学有序发展积累经验：

1. 课题院校的学科带头人、责任导师第一学历基本上都是艺术院校或综合大学环境设计专业的，普遍存在工学科知识面缺欠、建造技术知识先天不足的问题；

2008~2017 年 4×4 实验教学课题投入师资人数、培养学生人数一览表　　表 2

序号	院校参加课题时间（年）	归属	教师累积人数（人）	学生累积人数（人）
1	中央美术学院建筑学院（9 年）	国立学校	教授 1 副教授 3	59
2	清华大学美术学院（9 年）	国立学校	教授 1 副教授 3	54
3	天津美术学院环境与建筑艺术学院（9 年）	市立学校	教授 1 副教授 3	59
4	苏州大学金螳螂建筑与城市环境学院（6 年）	国立学校	教授 1 副教授 3	34
5	匈牙利佩奇大学工程信息科学学院（4 年）	国立学校	教授 2 副教授 3	14
6	东北师范大学美术学院（5 年）	国立学校	教授 1 副教授 3	37
7	四川美术学院设计艺术学院（4 年）	市立学校	教授 1 副教授 2	7
8	山东师范大学美术学院（7 年）	省立学校	教授 1 副教授 3	32
9	山东建筑大学艺术学院（5 年）	省立学校	教授 1 副教授 3	10
10	中南大学建筑与艺术学院（2 年，今年中途退出）	国立学校	教授 1 副教授 2	4
11	吉林艺术学院艺术设计学院（5 年）	省立学校	教授 1 副教授 2	34
12	青岛理工大学艺术学院（6 年）	市立学校	教授 1 副教授 2	34
13	西安美术学院建筑环艺系（2 年）	省立学校	教授 1 副教授 2	4
14	广西艺术学院建筑艺术学院（5 年）	省立学校	教授 1 副教授 2	9
15	湖北工业大学美术学院（3 年）	省立学校	教授 1 副教授 2	4
16	曲阜师范大学美术学院（1 年）	省立学校	副教授 1	1
17	内蒙古科技大学艺术设计学院（3 年）	省立学校	副教授 1 教师 2	28
18	吉林建筑大学艺术设计学院（3 年）	省立学校	教授 1 副教授 2	5
19	湖南师范大学美术学院（1 年）	省立学校	副教授 1	3
20	同济大学建筑学院（1 年）	国立学校	副教授 1	4
21	沈阳建筑大学设计学院（2 年）	省立学校	教授 1 讲师 1	6
22	哈尔滨工业大学建筑工程学院（2 年）	国立学校	教授 1 副教授 2	20
23	北方工业大学（2 年）	市立学校	教授 1 副教授 2	10
24	吉林建筑大学（2 年）	省立学校	教授 1 副教授 2	5
25	北京建筑大学（1 年）	市立学校	教授 1 副教授 1	10
26	大连艺术学院	市立学校	课题列席教师 1	

注：1. 九年投入教授 22 人、副教授 51 人、课题列席教师 1 人，累积培养学生总数 487 人。
2. 实践导师团队投入企业高管和设计院长为 20 人，基金会 1 家。
3. 参加院校课题组排列顺序不分先后。

2. 导师指导学生倾向于设计概论上，暴露出缺少必备的综合修养，对于结构力学原理与工学知识缺乏系统归纳，只停留在如何运用和表现设计层面；

3. 缺少系统性的解读课题任务书的能力，部分导师甚至不能正确引导学生进行课题深入，出现无视设计规划条件的情况，导致学生自由发挥，设计作品如同画家在画画；

4. 学生由于缺少工学基础不能够深入理解选题要求，搜集资料无视设计任务书规定，尽情地按自己的理解进行设计，进入中期阶段课题仍然不能修正问题，达不到课题要求，甚至个别学校导师和学生中途退出课题；

5. 开始设计前准备工作不足，忽视阅读相关资料和参考建筑设计资料集关于专业设计所涉及的规范条件，在竖向设计、功能分区设定、建造结构上无意识；

6. 多数同学设计表现如同云中的梦“放飞想象”，成为教学课题普遍问题，课题进入第三阶段设计逻辑依然无序，在自由发挥中放飞无序；

7. 普遍存在调研分析解读过度，方向偏离主题，概念生成太过于牵强，部分学生平、立、剖面图表现不到位，分不清CAD和彩色平面与彩色立面的用途，总图关系标高混乱，效果图表现方面只注重表面；

8. CAD表现的不足，平面图、立面图基本上是由模型导出来的，轴线对不上，剖面和标高不对位，结构形式不清，比例失调；

9. 加强工学设计基础对接艺术院校的长处，建立设计逻辑下的审美与技术、审美与艺术互动分析，填补美术院校教学缺欠的教学漏洞；

10. 建立智能科技意识融于环境设计专业教学，培养新技术带来的审美标准，宏观理解空间设计广义内涵。

以上问题出现的原因提醒4×4实验教学课题全体责任导师，实验教学的路仅仅是开始，实验教学的管理需要继续补强。本次课题是面对参加的硕士研究生，选题增加了少量设计条件和限定，目的是给艺术院校背景的硕士在读学生增添难度，只有做到满足设计条件才能够完成分段的设计教学，要求设计课题更加接近实际工作项目是今年的特色。改变过去导师选一块用地，学生自由发挥畅想设计的现象，交上来的设计作品不着边际。毕业融入设计研究企业工作流程，前提就是规范掌握在学校期间学习的专业基础知识，承认差距与补短是探索实验教学的价值。

由于种种原因，参加课题的院校教师与学生在设计理解能力方面存在差距，相互学习、取长补短才是4×4实验教学课题认同，提倡互动互补，从实验教学课题学生作品成果出发，课题组认为“理解比探索更重要”。对于课题中期发现的问题不可能用四个月时间把学生一至四年的缺失完全补回来。导师组认真分析，客观地面对问题，用课题成果丰富教学大纲，防止过去的教学问题再重演，一致认为质化纠正学生的知识点是培养高质量人才的基础，发现问题有利于今后在实验教学课题中填补，认识差距补短是课题的追求，逐步达到空间环境设计教育高质化、逐步做到有序升级是课题组的目标。

2017年6月27日于北京工作室

设计教育的思考维度

Environment Design Education's Thinking Dimension

清华大学美术学院　张月教授

Tsinghua University, Academy of Arts

Prof. Zhang Yue

摘要：设计不应仅仅关注行业本身的专业问题，因为设计是与社会的各个方面和层次产生关联。设计不是孤立存在的，文化的特质一定会在设计中体现。因此设计本身是不能解决文化问题的。植根于西方文化的现代设计体系并不能完全适应不同的文化背景，我们应该关注设计与文化的关系。人类文明历史的经验告诉我们，人类聚居环境的规划最重要的并非是空间形式的塑造，而是塑造一种生活方式。技术已经深深地在改变我们，改变了设计的方法和手段，改变了设计师思考的问题的角度，也明显地改变了人居环境的存在形态，所以设计迫切地需要了解技术发展的可能性。在中国当下的设计学术领域充斥着很多不讲科学实证精神的现象，现代西方社会体系在很多方面都是基于科学的“实证”精神。基于这样的文化产生的设计学科也一样，严谨和客观是以包豪斯为代表的现代设计体系的一个根本。

关键词：设计与文化；技术；科学

Abstract: Design should not only focus on the industry's own professional problems, because the design is associated with all aspects and levels of society. Design is not isolated, cultural characteristics will be reflected in the design. So the design itself can not solve the cultural problems. The modern design system rooted in Western culture can not fully adapt to different cultural backgrounds. We should pay attention to the relationship between design and culture. The history of human civilization tells us that the most important thing in the planning of human settlements is not shaping the form of space, but shaping a way of life. Technology has been deeply in the change we have changed the design methods and means to change the designer's thinking of the problem point of view, but also significantly changed the living environment of the existence of the form, so the design of the urgent need to understand the possibility of technological development. In China, the design of academic field is full of many do not talk about the phenomenon of scientific and empirical spirit, modern Western social system in many aspects are based on scientific "empirical" spirit. Based on the culture of such design disciplines are the same, rigorous and objective is to Bauhaus as the representative of the modern design system is a fundamental.

Keywords: Design and Culture, Technique, Science

一、概述

当下的中国设计教育已经不像30年前只是少数人在北上广的某个角落里，跟随着经济发展的大潮懵懵懂懂地“摸着石头过河”。设计在生活里已经跟早市里卖的青菜一样司空见惯，尽管实际上每个人对设计的理解不论是从哪个角度、哪个层次都有不够精确或偏颇。设计已不是一个小众词汇，对设计的讨论已经成为一个司空见惯的话题。在这样的一种语境下很多一般性设计问题的就事论事的讨论已经没有太多的意义。而与设计相关的各类社会问题的讨论反而会使我们逆向溯源，对设计中存在的问题有个更清醒的认知。

设计教育也存在同样的问题，它不应仅仅关注专业与技艺，还应关注与设计行业息息相关的社会领域，设计不是孤立的。其实从目前中国的设计教育成果来说，尽管有这样那样的参差不齐，尽管设计行业的技艺和技术还有待发展和改进，但总体来讲已经发展成了一个相对完整的专业体系。学生和进入行业领域的人才所面对的，并且在后续还要不断面对的绝大多数问题，并非只是本专业的问题。设计因其从技术的角度解决人类社会生活中各类问题的属性，它就像一个中枢，与人类社会中各个层面的问题产生了千丝万缕的联系。

二、设计与文化

古老文化的意义在于后来的新文明依然可以依托她而生存，文化中的积累对后来者是否能继续提供有益的利于推动社会进步的滋养。从此也可以看出一个古老文明的价值在于它是否可以创造新的文化。设计不是孤立存在的，文化的特质一定会在设计中体现。从中西文化的差异可以看出设计理念背后的文化根基。尽管我们在设计教育中引入了很多现代西方的设计理论，但这些理论的背景多数是以西方文化为根基的，拿到中国就水土不服，回到现实的设计市场中我们还是会被文化的汪洋大海给淹没。因此设计本身更多的时候不能解决文化的问题。植根于西方文化的现代设计体系也不能完全适应不同的文化背景，所以我们应该关注设计与文化的关系。

中国人的审美趣味与价值观是一脉相承的，中国设计的很多问题也是中国文化的问题，追求秩序、追求统一，这是追求皇天后土思想的遗产，我们也是一个好面子的民族，很多的功夫都下在了表面上，生活的目的不是为了自己的感受，而是给别人看的。设计也一样，更多地注重外在的形式，而对内在的品质却关注得较少。所以也造成了产品与工程品质的表面化。其实过度强调“装饰”、强调“形式感”的中国风就是这一文化特质的真实体现。

欧美的设计偏于功能和技术，其审美趣味则更多的是基于功能和技术过程的下意识。它是延续功能与技术的发自设计师审美素养的直接表达，并非为了刻意的表现给别人看什么。所有的设计都以实用和有目的为目标，没有浮夸的炫耀，但在功能和细节上却做得很扎实。其文化和艺术性并非是通过一些装腔作势的形式来体现，而是通过对功能细节的价值取向和对某些形式要素的偏好（色彩、材料、质感）而自然产生。而中国的设计更多的是偏于艺术和文化，强调对观念的挖掘和表达的个性化。因此会刻意地强调某些意图和观念。

对于简约设计理解的差别也可以看出其差异，欧美人的务实文化可以在这方面体现出来，比如装修，以实用为主，即使是很豪华的酒店，也很少会用到昂贵石材、木材，不会为眼睛花冤枉钱。做东西也不会人为强求什么，一切顺其自然，改变和提高都是通过技术和工具的进步去推动，而且这种改变也应该是有实际意义的，不会为某些表面的形式去浪费人的精力和时间（比如中国人常常会要求形式上的极致）。设计的轻松与诙谐，而不是执着于某类技艺和特殊工艺。很多的设计其实只是一个简单想法，并不需要刻意表达很多、做很多。而且其手法应该是基于现在的工艺和技术很容易做到的，而不是非要以某种特殊的技艺来完成，所以在技术上也是通行易得的，关键在想法和趣味。

环境会决定人的行为，在简单的世界里，简单的设计很有魅力，在这里你只想在天地之间简单地驰骋，绝不会设想那些伪小资的所谓品位。但在穷奢极欲的世界，极简设计的魅力荡然无存。它只能演变成扭曲的穷奢极欲的为形式而形式的装腔作势。

在这个语境里，设计教育不应仅仅以专业的视角和层面来理解和传播知识，而应该更广泛地从文化的层面去解读和构建设计知识体系，使设计人才的专业化知识的构建能够基于对文化的深刻理解。

三、设计与生活方式

如果说社会生活是“躯体”，建筑与空间环境就是包裹承载这躯体的“衣服”。这可以说是“建筑是生活的外化”的通俗解读。以这样的关系来说，建筑与空间环境的形制——“衣衫”应该是遵从于“躯体”——社会生活的需求，而不是相反用建筑任意切割修改社会生活。但现在的空间环境学科，发展了一套复杂的学科体系后，就以为它可以随意主宰“社会生活”的“躯体”。就好像是工业革命后妄自尊大的人类一样，自以为可以依托自己掌握的科技主宰自然。最后的结果证明人还差得远。

人类文明历史的经验告诉我们，人类聚居环境的规划最重要的并非是空间形式的塑造，而关键是塑造一种生活方式，且是公众愿意接受的方式。所以空间环境的规划不应仅仅有建筑师等做空间形态的人来做，更应该有与社会生活息息相关的经济产业、管理学科等社会人文学科的人参与，从社会运作方面来厘清社会生活的运作模式。并据以创造与之吻合的空间环境。否则，脱离生活模式塑造的空间有可能就是一个鬼城。所以说建筑空间环境是人行为模式的外化，人的行为才是建筑空间环境的灵魂。

当代很多的空间环境设计者走入了一个误区，他们太想通过设计展现什么，太关注设计本身的问题，反而忽略了设计最本质的为人类服务的目的。设计师应该更多关注的是“人”而不是“设计”。应该是把空间环境的塑造降低到服务于人的需求的主题之下，而不是设计一家独大。很多时候也许恰恰因为仅仅在设计的语境里讨论问题，大家会比较关注设计的专业问题本身。但如果从用户关注的语境来说，公众可能更关注你给他们带来了什么？

就如当下的中国魅力乡村建设，优美的风景是否能生存、可持续，与其说是环境资源和设计师的理念所至，毋宁说是深居于此的乡人的信念决定，你热爱她吗？如果你的信念已经放弃她，那么她已经离你而去。设计只不过是最后扣动扳机的执行者。

中国村镇急需解决的问题在于村镇环境太差，但原有的农耕时代的状态并非如此，很多的旅游目的地都是古老的村落，她们并不缺乏美。换句话说这并非是设计的问题。问题就出在现代化的过程中环境的变迁与更新的失控，大部分都是以谋取个体或小群体的短期利益为重，简单粗暴地对待村镇环境，忽视了它的公共性。

其实在美丽乡村这个运动的背后，各种力量的角力和诉求的不同才是问题的最大症结。城里人、设计师、管理层和村人，对同一件事情的理解和诉求都不一样。现状更多的是城里人与村人合谋及相互需求的认同结果，这种结果从设计专业或历史文化的角度也许不能得到专业的认同，但这个世界有它自己的规则，经济发展与生存的需求也许是很多事物的最终归宿。唯独管理层多数情况下在这里是不确定的因素，它所做的经常是除了博人眼球以外，与经济和生存都没啥关系。另外，缺少民意的合理回馈渠道也潜在地影响着问题的走向。世界其他地方也有乡村现代化的过程，但因为有属地居民的意愿牵制（社会机制），所以并没有出现类似的情况，缺少沟通与钳制机制，属地居民的意愿被压制，资本的非本地背景，没有归属感与责任感的滥用和对资源的掠夺性使用是破坏环境的元凶。

对现在的环境找到合理的当下生存模式，不只是环境的建构问题，而是社会结构建构的问题，环境是社会的载体，所以构建和保护环境，首先是构建和保护社会活动和社会结构。环境的变迁其实是社会结构与活动变迁的结果。建筑空间环境设计的好坏其实对村镇影响并不大，更多的是村镇的空间结构和宏观布局、环境品质及色彩构成。很多的优美古镇就是很好的例子。其实它们都没有什么特别突出的建筑作品，但整体的感觉很好。所以设计师应该撤出、淡出，首先乡村的建构模式就没设计啥事。不要把自己幻想出来的所谓模式真当作什么范式。很多的所谓经过专业设计经营的案例里充斥着刻意而为的幻象，这里充满了为了与城市或其他地域有区别而刻意伪装出来的特色，就像打了膨大剂的西瓜般不真实。它们很多就是由设计师执笔、由城市资本做后盾的、以城市视角为评价标准的乌托邦（伪装的乡村）模仿秀。它一上来就直奔结果，忘了乡村的风貌只是乡村社会生活与经济发展的结果，我们首先应该做的是促进乡村社会与经济生活的发展，至于风貌该啥样是村人自己的事！

四、设计与技术

技术已经深深地影响我们的生活，尤其是信息技术、数字技术、人工智能等一系列高技术的快速发展。在制造业这一切已显得非常明显，但在国内目前的空间环境设计领域，设计师们依然仅仅是被动地适应各种技术发展的变化，很少主动地去探索这些技术的发展会对我们的空间环境产生什么影响。这从专业学术圈内各种学术活动的主题就可以发现，讨论文化、社会学、美学问题的很多，但很少有人谈论技术问题，谈论也仅限于具体的应用手段。中国文化特有的对待问题的态度很有可能扭曲和弱化了对技术问题的关注。在这一点上中国人和西方人的区别，从日常小事可以看出。北京人爱吃涮羊肉，但是吃了上百年，切羊肉片的机器是西方人发明的。中国人喝砖茶（普洱）喝了这么多年，但茶砖的破解依然沿用着茶刀这笨拙的方法，同样的西方人的咖啡豆也不好弄，但他们却发明了各种咖啡机。对待问题中国人习惯的以磨炼技能来应对，所以产生了中国“功夫”。西方人更多的是发明工具去解决问题。因此，某种意义上技术的产生与文化有关。

但技术已经深深地在改变我们，例如参数化设计就改变设计的方法和手段、改变了设计师思考的问题的角度，也明显地改变了空间环境建造的形态。人居环境的存在形态，与技术的发展有相当的关联。手工业时代，人力所能控制的资源范畴有限，因此世界呈现的是分散分布式的，工业化时代的工业技术带来了巨大的资源控制力，反映到环境就是巨大的集约的集中式体量。它不是自然分布的状态，因此需要很多的机械去维持，我们因为有了技术而变成这样，也因为这样而需要技术。鸡生蛋、蛋生鸡？

未来的很多技术，诸如参数化、数字化制造、3D打印、大数据、人工智能都会有深刻的影响。还有很多潜在的影响在改变着我们的行业。比如一些新的空间环境业态——诚品、co-working、we home等等，这一切可能都是互联网技术带来的潜在的空间变革的开始，它不仅仅是引起商业模式的改变、建筑空间环境经营管理方式的改变，也可能深远地影响建筑空间的模式，行为的改变一定会改变空间模式！传统的CBD、shopping mall 模式其实是对应大工业的集约化社会组织方式，时间、地点、人的确定性是决定的因素。但现在这些可能都不重要了，甚至空间环境的拥有权也会弱化，最关键的是你是否会通过恰当的方式找到你需要的空间环境资源。其实拥有权是个时间概念，当你不需要长期拥有时，拥有也就没意义了！

这一切改变的开始都是因为技术给出了新的可能。打破了原有的边界，使资源的组织重新按照新的规则构建，这可能会改变很多原有的体系和规则。而设计最核心的部分就是建立体系和规则，所以设计迫切地需要了解技术发展的可能性。

五、设计与科学精神

西方现代社会进步的一个重要因素是自文艺复兴以来的科学进步所带来的科学精神，而科学的一个重要进步是"实证"，任何的一种观念都要经过验证，以保证其成为具有普适性的标准和规则，用以指导人类进步。这是现代文明区别于传统文明的一个重要标志。也是其得以获得改造自然的能力和社会得以发展进步的前提。现代西方社会在很多的方面都是基于这样的一个"实证"精神为基础和体系建立起来的。因此，在各个领域和工作场景都是秉持和遵循这样一个体系。设计也一样，严谨和客观是西方设计，尤其是以包豪斯为代表的现代主义之后的设计体系的一个根本。

但回溯中国社会的现状却普遍不是这样，即使是接受了西方现代科技科学思想的人，也经常会根据一些已知的理论去片面地仅靠推论，而不是做实验验证去营造自己的理论体系。以为推理的基础是已经验证的科学体系，而推导也符合逻辑，其结果就必然是正确的。这样形成了很多根据科学理论推论出来的貌似合理的学说，在我们的身边这好像是司空见惯的很多的传统体系也借此附上了科学的外衣而风生水起（比如风水）。而且中国人的传统又很热衷于这些说不清道不明的东西，而且以其神秘为荣。但以现代科学的实证精神来看，尽管它们都是根据已有的经验或理论推导，也似乎是有些道理。但是没有经过定性定量的验证的说法就是"假说"，不能称其为科学。更不能作为指导规则来引领现实的作为。作为面对社会需求提供解决方案的设计就更应是如此。

在中国当下的设计行业就充斥着很多完全不讲科学实证精神的现象，对基本科学问题缺乏严谨的精神。典型的现象有：

1. 望文生义、主观臆断、一知半解，对科学理论缺少起码的严肃认知。

典型的如对绿色设计、可持续设计、环保等问题的认知，设计行业从业者对基本概念含糊，处于科盲状态的比比皆是。他们不是严谨地验证设计所可能产生的实际后果，而多数是仅凭抽象的概念推导演绎而确认设计的概念和方法，把科学原理当成了文字概念游戏。

2. 以观念推导代替实践检验、以主观经验代替客观科学，盲从于各种流行的道听途说。

如果说有些说法作为民间习俗或者文化现象来融于设计概念还可以勉强接受的话，但如果真的把它当作严谨的科学规律去指导设计就有些贻笑大方了，典型的如风水之流的经验知识也当成了科学，作为规律去指导设计。

3. 不讲科学规律，只讲人的能动性。

这已经成了一种所谓的精神宝库，我们历史上虽然凭着顽强的意志一时超越常规解决了某些问题，但却永久性地为不按科学规律办事树立了坏的榜样，使我们后来一直过度强调人的主观能动性对事物的影响，而忽略了客观的决定作用，至今仍不尊重客观规律。设计也未尝不是这样，典型如家常便饭的加班、赶工期，过程中的各种设计要素的随意搬来弄去（时间的、资金的、功能的），缺少客观依据的各种讨价还价。一切都成了可以根据主观能动性调来调去的东西，科学精神何在?

以现代科学为根基的现代文化，与传统文化最本质的不同，是现代文明把人之外的世界万物看成是独立存在的他者，除了它可能在某些环节对人的影响或人的活动在某些环节对它的影响，它的存在、运动变化都与人无关。因此人对它们的描述方式都是脱离人事的。而传统文化是认为这个世界的一切存在都与人有关，即使是上帝和神明的存在和历史也是围绕着人的，因此人们总是试图用人的方式去解读和描述周围的一切，使它缺少了客观性，堪舆（风水）与现代地理的区别就在于此。

这种风气的始作俑者也与设计教育的维文化、维艺术主导有关，设计教育的过度强调艺术个性、强调人的文化主导，缺少科学理论体系的系统教育有很大的责任。即使到今天，在设计教育已经很普及的状态下，设计教育中的学术风气仍然更多的是表面化的概念游戏，搬弄理论、望文生义、以理论概念推导代替试验实证的"伪科学"

依然比比皆是，当然不能否认这与急功近利的社会风气有某种关系，但究其根源还是我们文化里的维经验、维传统，而不注重踏实的实证探索。这在未来的强调创新、以高科技为主导的设计发展中将会贻害无穷。

21世纪是一个快速发展、快速变化的时代，而设计是人类应对其面临的各类问题、引领社会发展的重要手段之一，所以设计专业、设计教育都必须对其发展所面临的问题有清醒的认识，必须有前瞻性和多维度思考。否则就无法应对其所面临的复杂挑战。

推陈与出新的环境设计教育

The Innovation of Environmental Design Education

天津美术学院 环境与建筑艺术学院 彭军教授
Tianjin Academy of Fine Arts, School of Environmental and Architecture Art
Prof. Peng Jun

摘要："四校四导师实验教学"活动历时了9个春秋，期间结合专业教学领域以及社会反馈的信息，课题组对课题的内容、教学方式不断地进行优化，致力于增强课题研究的应用性，强调实践教学与真实项目的结合，注重培养学生探索性学习的意识，取得了丰硕成果，同时也通过教学活动的不断深化，发现现存环境设计教育体系的某些症结。通过深入的对专业教学体制、师资知识架构、专业教学模式的推陈出新，力图为未来的环境设计教育提供可借鉴的、可持续发展的平台。

关键词：推陈出新；隐性问题；教学体系固化

Abstract: "China University Union Four-four Workshop" has gone through 9 spring and autumn, during the process, with the feedback information of the industry and social, the research group continuously optimized the content and teaching methods of subject, committed to enhancing the practicability of research, emphasizing the combination of practical teaching and the real project, paying attention to training students' consciousness of explorative learning, not only has achieved fruitful results, but also found some crux of existing environmental design education system through the deepening of teaching activities. In order to provide a sustainable development platform for environmental design education in the future, it is necessary to make innovations in the specialized teaching system, teachers' knowledge structure and professional teaching mode.

Keywords: Innovation, Hidden Problems, Solidification of Teaching System

又到了收获的季节，2017年第九届"创基金4×4实验教学课题"活动圆满完成，与往届不同的是，今年的结题硕果盛开在了远在万里之外的匈牙利佩奇大学（图1），这也是本课题首次在海外完成最终的结题汇报，标志着本实验教学活动走上了国际专业设计教育的大舞台。

在创基金的鼎力支持下，在课题组导师们的辛勤工作下，来自国内外16所院校硕士研究生的设计作品和研究论文，绽放异彩。"四校四导师实验教学"活动连续9年的不断前行，呈现出强大的生机活力，从校际的课程改革到校企共同打造，再到国际化合作，之所以取得如此的成绩，有其深刻的必然（图2）。

一、形式上的推陈出新

（一）破除故步自封，实现院校优质资源充分共享

环境艺术设计初始于20世纪80年代末，其时正是我国建筑、室内装饰行业迅猛发展之际，全国众多艺术设计类院校纷纷开设环境艺术设计专业，而后综合类院校纷纷效法。此时期各院校基于自身的学科传承、发展定位等原因形成了各有侧重的课程体系和教学特色，或注重培养学生具有宽口径的专业技能，又有较强的专业基础的特点；或注重突出专业教学应用性，注重对学生实践能力的培养，强调实践教学与真实项目的结合；或注重培养学生主动的探索性学习意识，从而培养学生团队协作精神和与人、社会沟通的专业能力。这一时期各院校几乎是在各自的天地里，在各自的"院墙"内思考教学问题。通过每年度为数不多的交流后也发现，同一环境艺术设计专业不同院校相互之间，即使是同属艺术类院校或同属综合类院校，在培养人才模式的认知等诸多方面都存在着明显的区别。

是时候扩大交流，在百花齐放的情形下取长补短，相互借鉴，探寻更为科学而行之有效的环境设计教育之路了。可惜的是，曾几何时虽然通过各种方式，各院校间展开广泛的沟通，但多都只是信息上的交流，且多注重结

图1　2017年“创基金4×4实验教学课题”师生于匈牙利佩奇大学

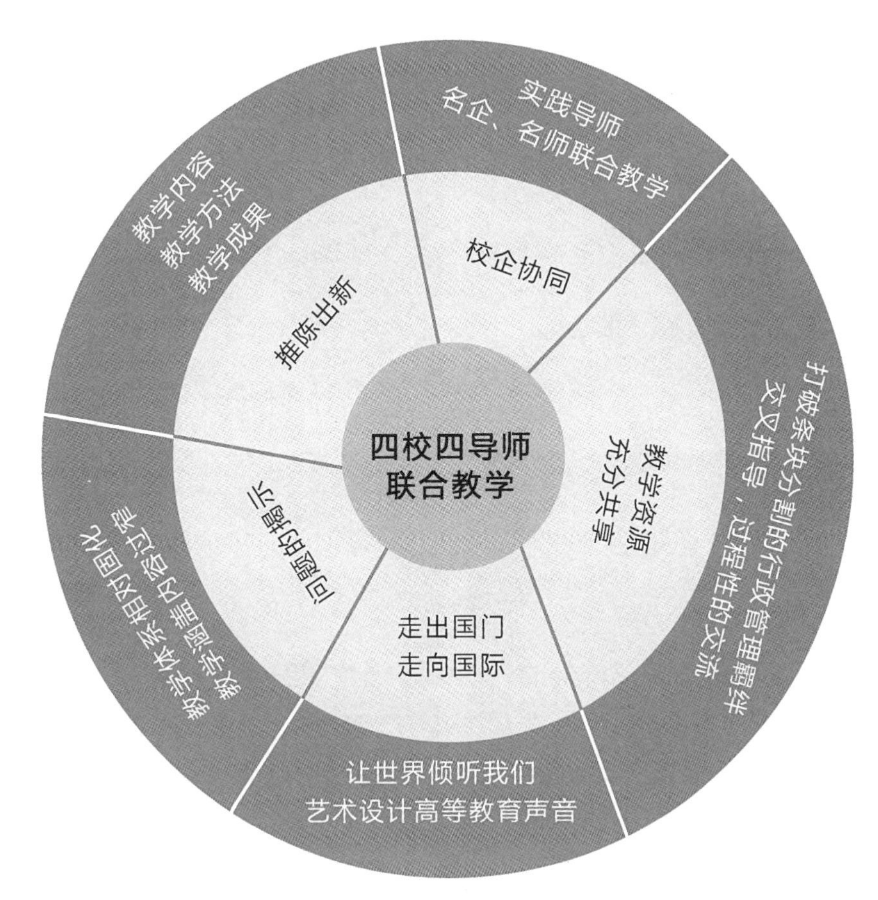

图2　4×4实验教学课题分析

1. 第一届 2009年 开题会审 清华大学

2. 第二届 2010年 新闻发布会 深圳

3. 第三届 2011年 颁奖典礼 中央美院

4. 第四届 2012年 中期会审 天津美院

5. 第五届 2013年 颁奖典礼 中央美院

6. 第六届 2014年 企业招聘 中央美院

7. 第七届 2015年 结题仪式 中央美院

8. 第八届 2016年 颁奖仪式 中央美院

图3 “四校四导师”教学活动现场

果展示，缺乏创作过程的交流，实质性的、过程性的激情碰撞尚未呈现。

如何能够以更加开放的方式、进行更深层面的、深入的“激情碰撞”，是每一个艺术设计专业教师所必须思考的课题。回顾起来，2009年“四校四导师建筑与环境设计专业毕业设计课程联合指导”正是在这样的背景之下，创办这个教学活动的初衷就是希冀通过教授治学的方式走出这“破冰”的坚实一步（图3）。

9年来，在课题组长王铁教授的带领下，参加教学活动的各位导师，励精图治，不但为培养学生倾注了心血，还在王铁教授的组织、主编下完成了一系列的课程与教学活动实录、历届的学生设计作品以及对专业发展、课程建设等方面的所思所考，汇编成集出版，为我国的专业设计教育事业留存了具有参考价值的教学与学术成果（图4）。

经过9年的教学实践证明，这种直接交叉指导学生完成毕业设计的方式，能够从多方向听取教师与学生的声音，让多个院校相互之间都能有一个更广泛而深入的、多方面的交流，使学生在展现大学阶段多年所学成果的毕

2009年《四校四导师》　2010年《打破壁垒》　2011年《无限疆域》　2012年《自由翱翔》

2013年《脚踏实地》　2014年《共享成果》、《互动交流》、《对位思考》

2015年《用武之地》、《再接再厉》　2016年《踏实积累》、《正能态度》

图4　历年学术成果

业设计课程中，得到知名的教授们的综合指导，它不仅打破了院校之间的教学界限，还突破了条块分割的行政管理羁绊，实现了国内乃至国际多所院校最优质而又稀缺的教学资源得以充分共享，这在以往是不曾实现过的。

（二）校企协同，走好专业设计教育的最后关键一站

环境设计专业高等教育的最终目的究其根本就是培养社会、企业所需的设计人才。一直以来，各高校严格按照既定的教育方针、教学计划组织教学各环节，更多的是围绕在“象牙塔”的范围之内，而并非真正意义上以企业需求为核心。同时相对于院校之间的合作交流，校企之间显然交流的程度与深度，合作的模式严重滞后，这也就造成了长期以来，毕业生走出校门之后，为真正适应“社会”，还要到企业再“回炉”的现实存在，也造成大量教育资源、社会资源等的极大浪费，探究其背后的原因，毫无疑问就是校企之间没有就人才培养进行深刻的协同。不能否认各院校曾经意识到这方面存在的问题，也不可否认各院校曾经在该方面所做过的大量尝试与努力，但浅层次的产学研教学合作，校企交流会等方式并不能很好适应当今高速发展的人才需求的变化。让企业走进校园，

姜峰：深装集团董事、副总经理，J&A姜峰室内设计有限公司总设计师。教授级建筑师、高级室内建筑师、国务院特殊津贴专家、中国建筑装饰协会专家工作委员会专家、中国建筑装饰协会设计委副主任、中国建筑学会室内设计分会副会长、深圳市建设工程评标专家、《现代装饰》杂志编委、深圳市专业技术资格评审委员会委员、中国国际贸易仲裁委员会委员、全国有成就资深室内建筑师、中国室内设计十大封面人物、“中国室内设计20年”设计功勋奖。多次担任国际设计论坛主持人、亚太设计大赛评委。曾获得广东省杰出青年岗位能手、全国青年岗位能手、深圳市“鹏城青年功勋章”、深圳市十大杰出青年、中国百名优秀设计师、全国杰出中青年室内建筑师等荣誉。

洪忠轩：假日东方国际•酒店设计机构首席设计师。亚太区前沿设计的代表性人物，创业于深圳，入籍于香港。深圳市室内设计师协会理事。2008年获得“IC@ward2008金指环全球室内设计大奖赛-酒店类金奖”；在香港获“第16届APIDA亚太区室内设计大奖”金奖；获2008亚太室内设计双年大奖赛(IAIC-Award)“亚太区杰出设计奖”，2008亚太室内设计双年大奖赛(IAIC-Award)酒店空间设计亚太区冠军。被世界酒店领袖中国会评为“世界酒店 • 2008中国杰出酒店设计师”；2003年至今中国“CIID最佳室内设计师奖”唯一获得者；三年连获中国国际饭店业博览会“最佳饭店设计师”；2005年获邀美国波士顿举办作品展览。先后访学于美国、日本、德国、意大利、法国等二十几个国家和地区；2009年赴迪拜地区并担任阿联酋阿扎曼（Ajman）大学客座教授。

林文格：文格空间-设计顾问（深圳）公司创意总监。高级室内建筑师，IFDA国际室内装饰设计协会理事，ICAD国际A级职业景观设计师。2009年在美国纽约获HOSPITALITY DESIGN AWARDS 酒店设计（WINNER）冠军奖、世界酒店“五洲钻石奖”“最佳设计师”称号。曾先后获APIDA第十一届、第十四届亚太区室内设计大赛金奖、铜奖，2007“金外滩”最佳餐饮空间奖等诸多国际国内奖项。致力于文化精品酒店及餐饮空间的设计与探索，其设计风格受到社会各界欢迎。

杨邦胜：YAC杨邦胜酒店设计顾问公司董事长兼设计总监。从事酒店设计工作10余年来，致力于文化和个性酒店探索，作品兼具艺术性和较高的商业价值。在他完成酒店的30多个酒店项目中，五星级和白五星级酒店占到一半以上。其代表作品北京南彩温泉度假村酒店、深圳圣廷苑酒店、顺德仙泉酒店、太仓宝龙大酒店、宁波华侨酒店、北京海天皇宫大酒店等荣获国内外多项大奖。2009年，杨邦胜先生的最新作品惠州金海湾喜来登度假酒店、三亚国光豪生度假酒店、重庆欧瑞锦江大酒店再为其斩获七项专业大奖。

李益中：深圳派尚环境艺术设计有限公司设计总监。中国建筑学会室内设计分会（全国）理事。2008年受邀参加“APSDA亚太空间设计师联合会”并荣获APSDA亚太地区最佳设计作品大奖。曾获2006“城市荣誉”室内设计师称号、深圳最佳室内设计师，2005第二届海峡两岸四地室内设计大赛二等奖，2004 CIHAF中国十佳住宅设计师、全国百名优秀室内建筑师，2002中国室内设计学会“年度最佳室内设计师”、亚太区室内设计大赛荣誉奖等奖项。07年出版著作《样板生活》，09年出版《FROM B TO A 售楼处设计策略》。

于强：于强室内设计师事务所设计总监。中国建筑学会室内设计分会会员、中国建筑学会室内设计分会第三（深圳）专业委员会常务委员、国际狮子会•中国深圳红荔分会创会会员、理事。2001年APIDA第九届亚太区室内设计大奖赛上中国大陆唯一获奖设计师，也是中国大陆首位在亚太室内设计大奖赛上获奖的设计师；2002年在深圳何香凝美术馆成功举办个人室内设计作品展；2005年在关山月美术馆举办“深圳十人”室内设计展；2006年带领设计团队再获亚太室内设计大奖赛银奖；2008年荣获中国国际室内设计双年展金奖。

何潇宁：顶贺环境设计（深圳）有限公司董事长、设计总监，深圳市长城家俱装饰工程有限公司副院长。获日本东京艺术大学院就读空间设计硕士学位。代表作品包括：珠海来魅力大酒店、上海宏安瑞士大酒店、佛山恒安瑞士大酒店、海南前沿索菲特大酒店、珠海海泉湾海洋温泉中心、珠海星城大酒店、沈阳富丽华大酒店、珠海旭日湾大酒店、北京全国政协培训中心、深圳雅兰酒店、北京京都信苑饭店二期、东莞华禧大酒店、深圳景轩大酒店、厦门美丽华大酒店、新疆美丽华大酒店等。

琚宾：就读于中央美院，HSD水平线空间设计|北京|深圳|首席创意总监。高级建筑室内设计师。先后于清华大学美术学院，中央美术学院建筑学院，华南理工大学建筑学院，做主题演讲。曾获2009中国室内设计师年度封面人物；2009中国室内设计20周年杰出青年设计师；2008年度中国家居住宅类十大设计师；2008年上海金外滩奖最佳照明设计奖；2007年中国室内设计大奖赛,文教,医疗工程类一等奖；2007 年美国室内设计“INTERIOR DESIGN China酒店设计奖；2007年度中国十大室内设计师奖等奖项。

秦岳明：深圳市朗联设计顾问有限公司设计总监。中国建筑学会室内设计分会理事、第三专业委员会委员，国际室内建筑师/设计师联盟（IFI）及亚洲室内设计学会联合会中国地区委员会深圳代表处专业委员。荷兰设计周Dutch-Design-Week（DDW）组委会首次邀请参展的中国设计师，其设计作品曾获多项国际国内奖项：APIDA亚太室内设计大奖赛酒店类银奖、APIDA亚太室内设计大奖赛商业类银奖、中国(上海)国际建筑及室内设计节金外滩奖最佳酒店设计奖、CIID中国室内设计大奖赛一等奖、海峡两岸室内设计大赛特等奖项。

陈厚夫：厚夫设计顾问公司设计总监，汕头大学长江艺术设计学院客座教授。曾获美国HD Awards酒店空间设计大赛WINNER大奖，八次获得CIID全国室内大奖赛一等奖等奖项，四次获得APIDA香港亚太区室内设计大奖赛金奖、银奖等奖项，获选为美国杂志十大封面人物，获评CIHAF中国住交会十佳设计师，在中国国际饭店博览会上获得最佳酒店设计师称号。

图5　第二届 2010年实践导师

院校主动走进企业，发挥双方各自在人才培养方面的优势所在，才是解决问题结症的关键。

“四校四导师实验教学”活动从第一届开始至今一直坚持聘请设计企业的业界精英作为实践导师。这些既是一线设计师，又是设计机构负责人的“实践导师”们，以自身多年积累的实战经验，为即将走向社会的高校学子讲授毕业前的“最后一课”，传授实用的就业技巧，帮助他们养成更接专业地气的就业态度，建立走向社会实践的信心。他们的加盟产生极大的影响，为校企搭建了一座桥梁，更加广泛地从不同的从业经历和视角，去评判每一位学生毕业设计作品的创作全过程；同时他们又作为企业的领军人物，又反馈回来他们对于人才内涵、人才需求的直接信息，也使得同学们能够深刻了解他们的设计理念与系统化的设计经验，以及设计师“痛并快乐着”的生活状态。各企业也通过长达一个学期对每位学生在素材的搜集整理、概念创意的激发、设计思路的梳理、成果表达的专业性等方面得以面对面的考察，在上好最后一课的同时，及时发现心仪的人才。从“四校四导师实验教学”活动走出去的学生，现在大多成为了企业的骨干力量，甚至是核心领导层，从这个侧面也再次证实其培养实用性、创新型人才所起到的作用（图5）。

在此，再次感谢这些在各自领域已取得巨大成就的实践导师们，他们以极大的热忱、无私的奉献、反哺教育的情怀，为“四校四导师实验教学”活动做出了巨大贡献。

（三）走出国门，走向国际

“四校四导师实验教学”活动向前走的每一步，都是一种前人没有走过的先锋探索。从国内艺术院校、综合院校校际、名师之间的协同，到名校、名企之间的协同，逐步从国内走向国际。2015年匈牙利佩奇大学建筑学院加入，成为扩大了参与院校范围的“4×4实验教学课题”活动的一员，2017年更是在佩奇大学600周年校庆之际，16所院校师生齐聚匈牙利佩奇圆满成功完成“2017年创基金4×4实验教学课题”活动终期评审、结题仪式、成果汇报与师生设计作品展，成为国际间协同合作教学课题实践的示范之作（图6）。

诚然，近年来国际间的教育教学交流日益广泛和深入，中国的教育走向世界是大势所趋，迅速地融入国际化的教育是在所必然。国外尤其是发达国家的高等教育也伸出拥抱之手，迎来让世界倾听我们艺术设计高等教育的

1. 终期评审

2. 颁奖活动

3. 结题仪式

4. 作品展览

图6 佩奇大学活动现场

声音，相互借鉴吸收的契机。与以往我们过多地去学习、去“瞻仰”的模式不同，“4×4实验教学课题”活动为今后我国环境设计教育坚定地走向国际交流的步伐夯实了基础，树立了一种可资借鉴、可推广的模式。

二、教学内容、教学手段的推陈出新

环境设计是一门综合性强、应用面广的专业，它需要一套架构完整而开放的教学体系作为支持，培养的学生应是具有创新思维、设计创意与实施，以及市场运作的综合能力的复合型人才。而如今实际的教学现实是建筑、室内、景观、风景园林、城市规划的相关学科条块划分泾渭分明，这样十分不利于学生甚至包括一些教师在内跨界思维的形成，掌握的知识也就具有了很强的局限性。

“4×4实验教学课题”活动则是以课题为引领，将环境空间设计各领域融合为一体，艺术院校的环境设计，美术院校的建筑设计，理工科院校的风景园林设计……在同一课题的框架下，不同学科背景交叉解读对设计的不同理解，交换思想，各得所需。这是传统条块化教学所无法实现的。

只有跨学科、跨专业的各种跨界，直接碰撞才能擦出火花，不受过多的局限，跨界思维已经逐渐成为本学科未来的发展趋势。通过这种不同跨界的大胆尝试，才能发现以往我们未曾涉猎的领域对本学科发展的作用，才能重组教学资源，才能完善教学体系，才有可能真正找到教学改革创新的发展之路。未来的“4×4实验教学课题”活动未尝不可以再大胆跨界，引入非设计专业而又对设计有所裨益、有所补充的专业加入，如项目策划、经济管理，社会关系学等。

三、研究课题的推陈出新

以往的各院校毕业设计课题大多都采用假题真做、真题假做等方式，这中间存在毕业设计课程周期与实际工程项目无法同步的限制，存在学生设计能力与最终成果无法满足项目的实际要求，向实际项目倾斜而又不能保证课题具有的研究性等诸多的局限。而“4×4实验教学课题”活动集合了16所院校和社会企业的力量，以真实的课题为研究内容，通过实地的真实调研考察为基础，不仅是实际项目更是实战性的实际设计，是真正的“沙场练兵”。

研究课题同时紧紧把握其前沿性、现实性以及国家建设的顶级发展方向。例如2015年以天津市中心市区唯一重点建设项目——天津西开教堂片区文化建筑及其景观设计为题，为该项目建设提供了30多个创意非凡的设计成

图7　选自2015年创基金4×4实验教学课题学生设计作品

果，同时就城市传统文化遗存核心区，如何传承历史而又能满足现代人的使用，既能保存城市文脉的记忆又能体现时代的精神，均做出了实际意义的回答（图7）。

又如2016年，在国家未来发展战略层面，以“美丽乡村设计”为契机和研究方向，分别以“湖南省郴州市苏仙区西凤渡岗脚村”、“河北省石家庄市谷家峪村”、“河北省承德市兴隆县长河套村”、“浙江省湖州市安吉县剑山村”为例，为我国未来美丽乡村建设从设计实践以及理论建设两个方面提供前沿性的研究（图8）。2017年更是以“旅游风景区人居环境与乡建研究”作为研究课题，以“湖南省昭山风景区景观环境设计”作为依托，为我国逐渐兴起的特色文化乡村旅游环境设计何去何从，提供了具有参考价值的解答。

四、对隐性问题的揭示

从2009年的“四校四导师建筑与环境设计专业毕业设计课程联合指导”到如今的“4×4实验教学课题”活动，从最初的4所院校参加到如今的跨国界的16所院校参加，毫无避讳地直面高等环境设计教育已经呈现出来的和在本课题实践过程中逐步呈现出来的显著和隐形的问题。发现问题，总结问题，才能有针对性地解决问题，而这也正

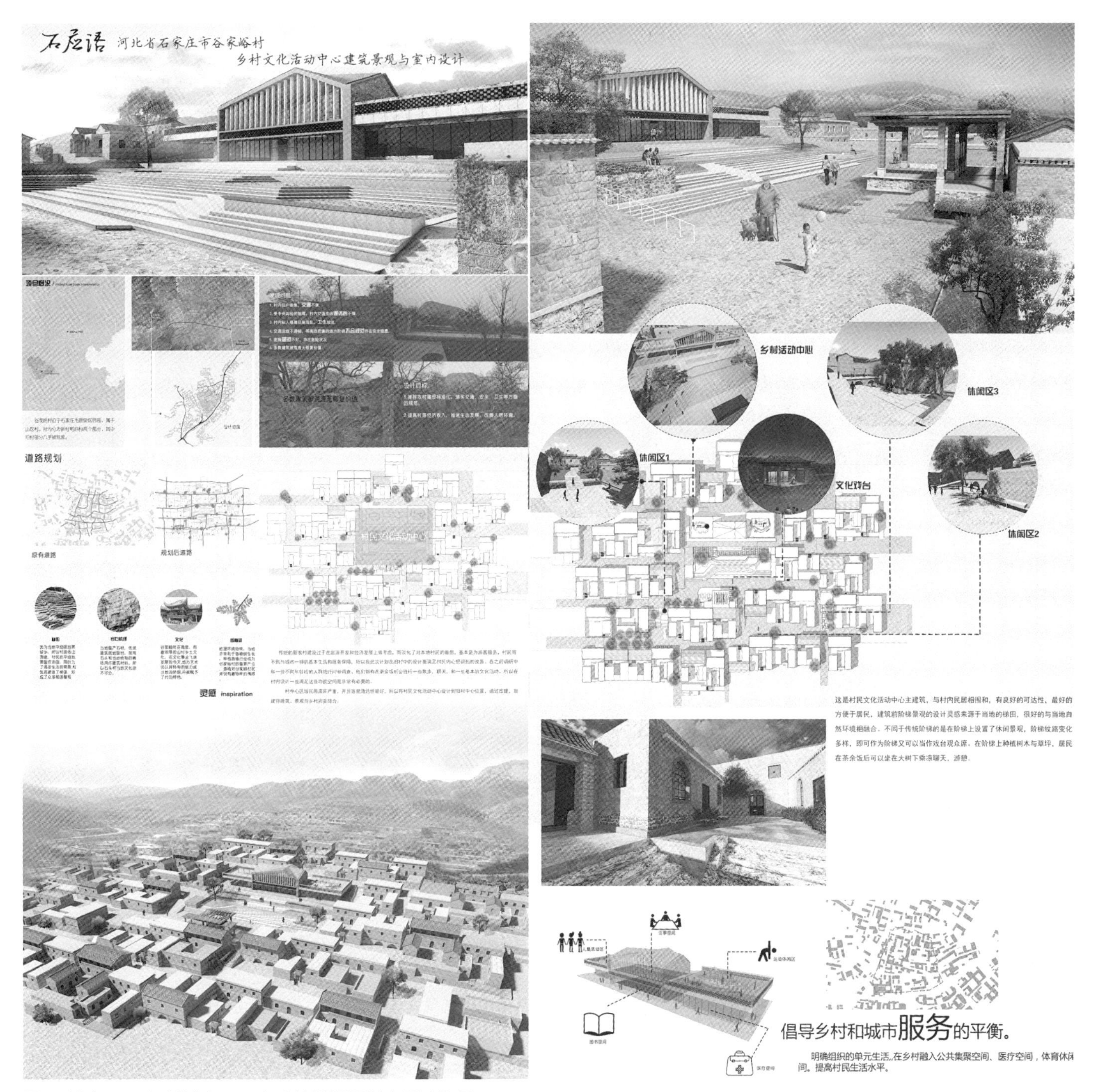

图8　选自2016年创基金4×4实验教学课题学生设计作品

是“四校四导师实验教学”活动为国家艺术设计教学改革提出创新思路的价值所在。

（一）教学体系的相对固化与专业发展不断创新之间的矛盾

相对稳定的教学大纲、课程设置、教学内容一方面有利于保证教学方教学效果的统一，但也造成教学体系相对固化、思维易形成定式的不良影响。这在“2017创基金4×4实验教学课题”会审的过程之中，也能有所体现。学生们在项目的调研，机构的访问，现场的体察，问题的分析，设计概念的形成，设计的创造性、艺术性、科学性、可实施性，外在形式与内在结构的逻辑关系，对设计的理解，效果的表达等诸多方面按既定步骤层层深入，体现出经过严格的专业训练所展现出的专业素养。

然而仿佛有一双无形的大网掌控着他们的思维，绝大多数同学思考问题的角度、设计思路都被程序化了，甚至极具艺术创造力的建筑单体形态设计的方法也被固定化了。许多同学的建筑设计都是从一个最简单的立方体开始，经过所谓的推拉、折叠、凸出、凹进、倾斜、转角等一系列的变形，得出建筑的外部形态，几乎如出一辙。然而这仅仅是建筑形体创意设计的诸多方法之一，对内部空间功能的合理划分，与所处外部环境的关系处理，建筑采光、通风等建筑物理的分析，建筑地域性建造的传统方式的借鉴，建造构造的、建造节点的解读等仿佛都成了可有可无的附着。从中就能够以管窥豹，艺术设计教育的固化可见一斑。诚然这中间存在各个院校在加强交流后，相互借鉴，相互学习取得的成果之一，但是仍然要非常强调的是，学习借鉴不能失去自我，如何坚守自己的教学特色和专长，以此为基础，取长补短、扬长避短才彰显其意义，而绝不能打破一种模式的同时，又树立起另外一种固化的模式，而应在多所院校的激情碰撞中，凤凰涅槃，浴火重生，走出符合自身的差异化自我发展之路。

（二）教学涵盖内容过窄与本专业日益综合性、复杂性之间的矛盾

环境设计专业的特点是集功能、艺术与技术于一体，涉及艺术和科学两大领域的许多学科内容，具有多学科交叉、渗透、融合的特点。而当下专业技能的学习已经不足以支撑无界限的、跨界线的空间设计要求，这在本次“2017创基金4×4实验教学课题——旅游风景区人居环境与乡建研究”中体现得尤为深刻。

该课题已经不是传统建筑学专业、环境设计专业、风景园林专业、室内设计专业、规划专业所能独自承担完成得了的，除此之外，还要很大程度上包含社会学、文化学、经济学等众多学科的共同介入。

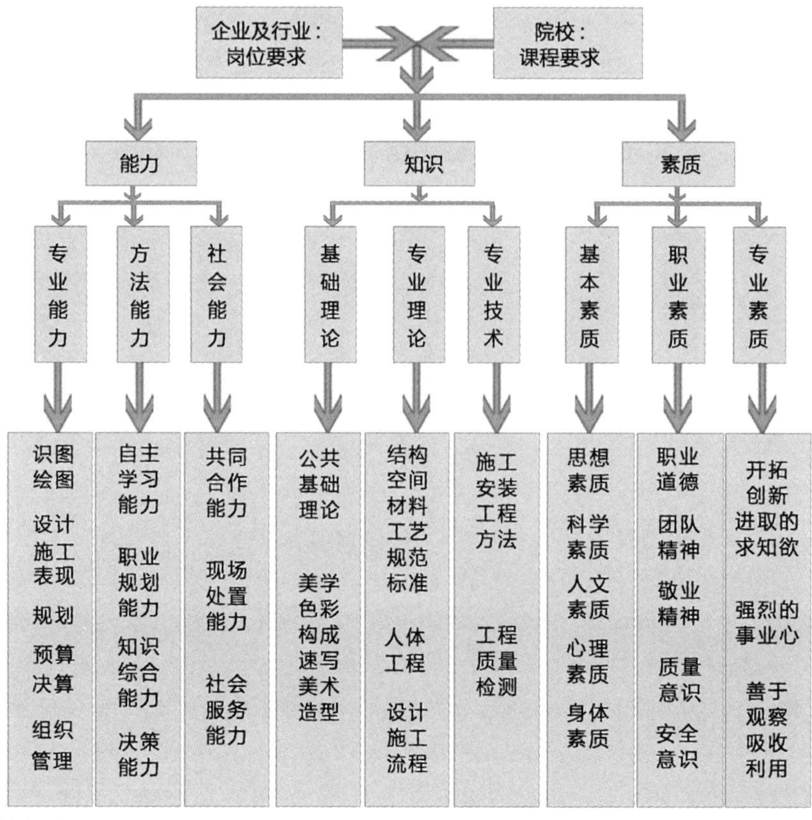

图9 复合型人才知识与能力分析

基于此观点，那就要对现行的专业教学体制进行推陈出新，才可以适应空间设计无界限的专业发展；传统体制培养的师资架构和专业知识要推陈出新，才可以适应培养复合型专业设计人才的需要；传统的专业教学模式要推陈出新，才能为未来的专业设计教育提供可持续发展的平台（图9）。

空间设计“无界限”趋向要求未来的空间设计既要具备对场地现场物理学属性理性严谨的分析；也要从繁杂而又异常丰富的信息爆炸中，梳理出有价值资料的敏锐洞察能力；具备对当地地域文化充满尊重的情感和生活体验；掌握综合思考多重设计因素而进行设计推导的科学方法；具备通过创造性思维的专业训练，能够形成观念鲜明的设计概念；具备造型、色彩搭配等的艺术修养和掌握当今现代科技的建造手段和建造技术，并具备将设计创意与科学理念有机相融的能力；具备扎实的专业效果表达，以及严谨规范制图的能力；充分关注社会、历史文脉；具备把握生态设计理念、生态设计手段的能力；评估项目的建设对当地未来社会、生态、经济、人文等的影响……而这些是不可能在目前的教育体系下，由单一的任何一个学科所掌握的，学生掌握不了甚至教师也无法全面掌握。可见，当今的艺术设计教育是开放的、多元的，各个学科相互交叉，才能培养出知识面宽、综合素质强、具有整体思维能力的环境艺术设计人才（图10~图12）。

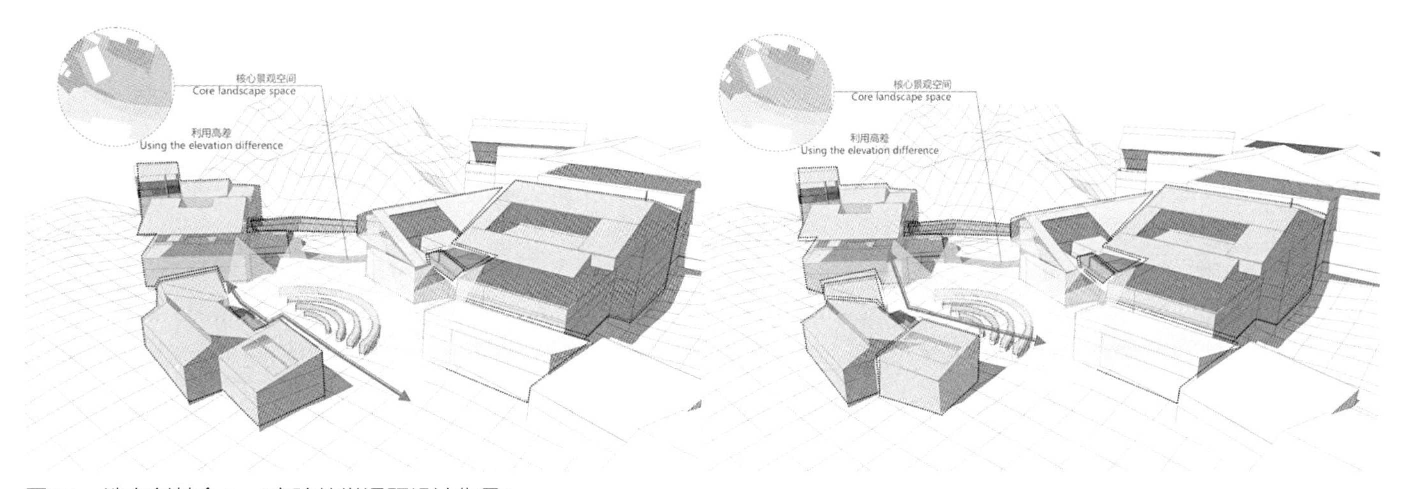

图10　选自创基金4×4实验教学课题设计作品1

设计构想
Design conception

策划定位：

规划以提升环境质量，倡导生态旅游消费为设计理念，以乡村生态环境为依托，以天文观测站为载体。

社会经济意义：
Social and economic significance

把天文观测站的文化资源优势转化为竞争优势，通过长河套村自身的文化特点，文化脉络挖掘、整合资源，建立起具有当地特色的地标性建筑。

图11　选自创基金4×4实验教学课题设计作品2

建筑功能分区图

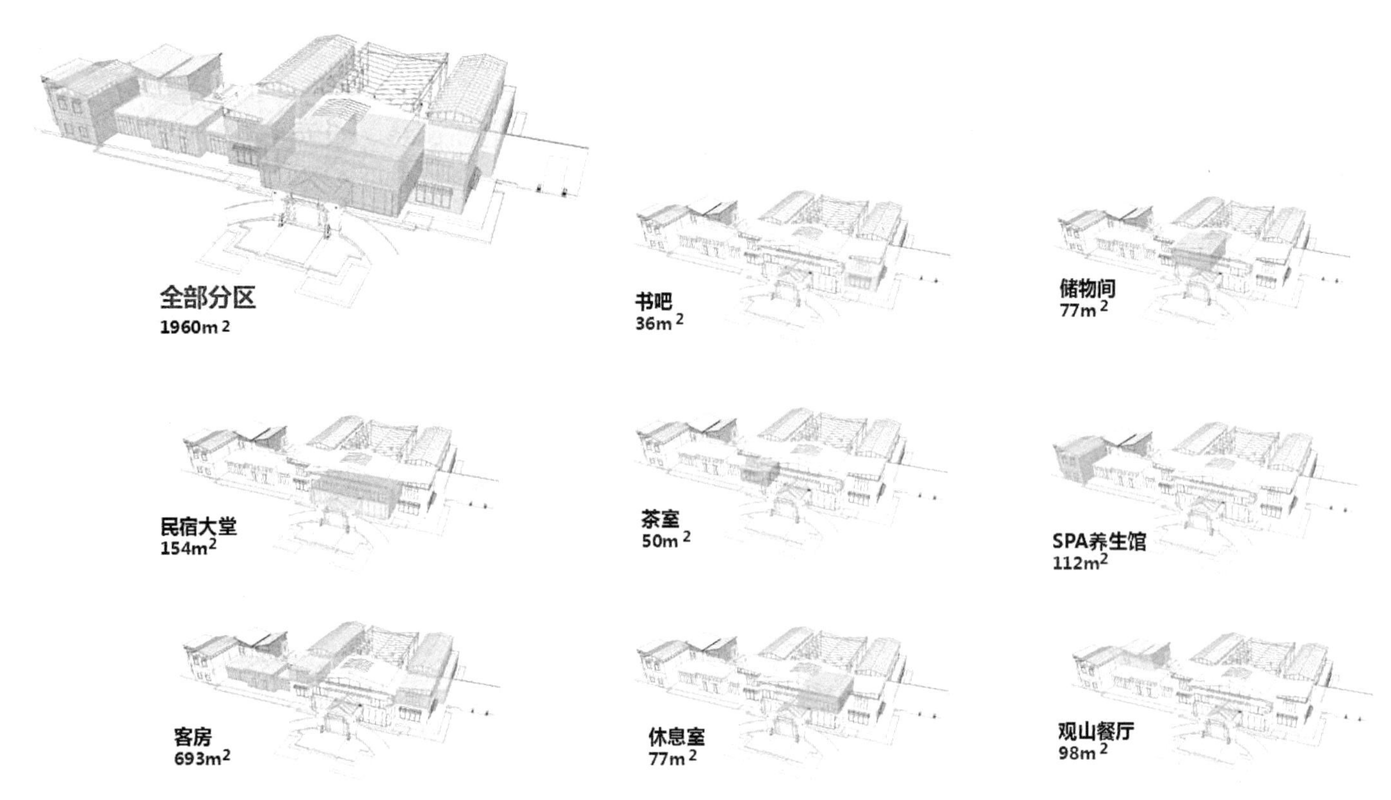

图12　选自创基金4×4实验教学课题设计作品3

五、结语

环境设计的发展是一部人类栖居形态演变、营造技术进步和环境艺术思想发展的历史。环境设计教育的发展，则是一代又一代教育人新陈代谢，坚持不懈地探索与革新。9年前我们所迈出的第一步，以及9年来一直坚持不懈的所行所思、所作所为，希冀的是促进中国建筑及环境设计教育、深化教学内容与模式的改革与创新，在未来砥砺前行中期待年轻的教育工作者能够继续接力下去，永远传承“四校四导师”勇于“破冰”的创新魄力；传承感动他人、感动自我的教育奉献精神；传承专业学识的沉厚积淀，用智慧、才情、胆略和毅力携手并进，期待不久的将来中国环境设计教育大放异彩。

谱写“一带一路”文化与设计教育篇章

聚焦创基金（四校四导师）实验教学课题与佩奇大学的合作交流

Creat “The Belt and Road” Culture and Design Education Discourse

— Focusing the Cooperation between the China University Union “Four-Four” Workshop Group in Experimental Teaching Project and University of Pecs

山东师范大学 段邦毅教授

Shandong Normal University

Prof. Duan Bangyi

摘要：在国家“一带一路”建设战略构建下，先进的文化教育建设是不可或缺的支撑，坚持中华民族的文化精神和自信力又是其灵魂和保证。创基金“四校四导师”实验教学课题组与欧洲名校匈牙利佩奇大学合作卓越人才培养四载，时刻践行着民族文化的独特魅力和文化自信，取得了丰硕成果，为中华民族伟大复兴和未来一个文化教育强国的崛起，奠定了坚实的基础。

关键词：“一带一路”；新时代建设战略；文化设计教育；教育强国

Abstract: In the structure of “The Belt and Road” construction strategy. Advanced cultural and educational construction is an indispensable support. Adhere to the culture of the Chinese nation spirit and self-confidence is the “soul and guarantee” for “The Belt and Road” construction. It has been four years since the team of “Four schools and Four tutors” joined with university of Pecs in Hungary to train outstanding talents. During this years, We always adhere to the unique charm of Chinese national culture and cultural confidence, and have achieved fruitful results. It laid a solid foundation for the great rejuvenation of the Chinese nation and the rise of a cultural and educational power in the future.

Keywords: “The Belt and Road”, Construction Strategy, Cultural Design Education, Culture Education Power

创基金“四校四导师”实践教学课题组在国家“一带一路”建设战略构建下，率先与亚欧区域一流大学匈牙利佩奇大学合作，彰显了新时代中国高校的开放精神，经过几个年头的努力取得了丰硕成果。论文从以下几个理论层面剖析、论证，从而找出更多可能性，以推动、升级与亚欧区域相关大学深度交流、互惠互利，从而完成卓越人才培养的当代使命。

一、践行民族文化自信，担当“一带一路”文化教育建设的战略使命

历史上“丝绸之路”是中国最早实行对外开放的标志，从而开启了中国与西方文明的交流通道，彰显了中华民族的开放精神，具有深刻的历史意义和底蕴。新时代的今天“一带一路”则是顺应世界多极化、经济全球化、文化多样化、社会信息化的时代潮流，并坚持“和平合作、开放包容、互学互助、互利共赢”的丝路精神，是具当代战略意义的伟大构想。其中，文化是“一带一路”建设的重要力量。习近平同志指出“一项没有文化支撑的事业难以持续长久。”他还指出“民心相通是‘一带一路’建设的重要内容，也是关键基础。”各国历史、语言、宗教、风俗、教育等社会生活的民间认知和交流是民心相通最广泛的领域，积极创建充满文化活力的民间交往和交流，是“一带一路”建设的重要土壤。创基金“四校四导师”实验教学活动，几年来的实践也证明了“一带一路”中各国历史文化及教育领域的现代交集和共识，是成为民心相通的重要支点之一。进而，在这个节点上（支点），更需要有一场区别于形式逻辑而又能驾驭形式逻辑的思维方式及与价值认知的思想与心灵的转向。只有认识到东西方文化在思维方式与价值认知这一层面的差异性才能驾驭实现中西互补综合。

就中西方文化思维差异剖析看来，即东方文化思维着重整体辩证属性，善于接纳矛盾关系，并追求矛盾统一的综合结构；这种思维方式能够形成大一统格局；也因此形成了东方文化的方法论是阴阳辩证的整体驾驭离散的方法，即看到整体真相，发现整体真理，进而肯定普遍真理的存在，其中反映在世界观方面是通过对事物的分类综合得出宇宙规律与合乎真理的知识，也即“中国版本”“天人合一”的自然观。

西方文化的方法论是假设求证还原的方法论，看到的是局部真相，发现局部真理，因之质疑普遍真理的存在，从而只能不断接近真理；达尔文的《物种起源》，只是发现了地球空间优胜劣汰的局部现象，肯定人性私恶与丛林秩序；它们甚至将人性原罪寻找宗教解释，归于亚当夏娃被赶出伊甸园之后，而不是归于赶出之前的神性。于是有了自由民主法治的方法。由此基于人性私恶价值认知设计出权力制衡与民选法治原则，各个政党推出候选人通过竞选优胜者为王。形成三权分立确保各个利益集团的互相竞争与平衡；于是“法外无法”，法律没有禁止的都是合法的，不会干预。有了“民可使知之，不可使由之”的自由主义律条。“中国版本”是整体驾驭局部的彼此综合，驾驭不是排斥，而是实现可以统筹兼顾互为所用的互补均衡结构。如中国古老的太极图所蕴含的——所有周长面积相等的条件下圆球容积最大——等周等面定理。而西方陷入周期两极分化互损循环系统，恰恰是哥德尔不完备性定理所证明的西方形式逻辑系统的不完备性，主导他们的科学思维方式即局部有效的形式逻辑是只会制造悖论而无以化解悖论困境的，虽然能够引导事物朝精细化发展，但数理模型越精致就越局促，是无以处理复杂性系统与无穷运动系统的。哥德尔不完备性定理反证了太极图所蕴含的辩证逻辑是普遍有效的、完备性的科学思维方式。（参见刘浩锋：电影《归来》：以揭露的名义渲染丑恶摧毁主流价值，江苏党建网，2014年6月4日）

东方文化的本体论认为宇宙是大生命，道家认为是“无名，天地之始”，无不是没有，而是包含万有，它是有生命的。西方文化的本体论也有唯物唯心之说，但欧洲文艺复兴以后西方科学主导世界，其实证的方法导致更多停留在器物层面。量子力学发现一切正反物质相遇湮灭为纯粹的光能量。它从物理层面见证宇宙本体是光。那么正确的答案应该是什么呢？综合东西方文化的阐释，能完整发现宇宙本体的真相。科学家通过数学证明：两个无穷集合可以实现一一对应，用一切正数代表宇宙正物质，一切负数代表宇宙反物质，它们之和等于0。在佛学里0是佛学的空，有是佛学的色，宇宙大生命依此循环。相反，西方文化往往只顾及局部而罔顾整体，只顾及效益而罔顾公平的局部利益至上，而罔顾整体的思维方式与价值认知常常引发出社会与自然的周期失衡畸形。虽然，西方也一再在试错纠错过程中，并不断综合，但根底上，西方文明已经走入谷底；中华文化的独特魅力和核心是中正平和，崇尚自然，追求和谐，不走极端，不搞民族斗争和宗教战争，这是一个唯一能够团结丝绸之路不同文明、民族和宗教信仰的文化。

只有清晰认知上面所述东西方文化文明的差异性与互补性，才能正确力推中国文化复兴，理解当代世界的重大意义与治世功用，也才能转化西方文化主导世界输出形式、逻辑思维方式与经济价值认知带来的失衡秩序。因而世界亟待中国文化复兴重光真理，并通过真理的教育去指导他们，驾驭他们，使之走出危机，缔造世界和平。中国急迫需要一场文化的“一带一路”即一场世界性的文化复兴运动！它与中国经济“一带一路”是不可或缺的重要补充。只有物质与精神的辩证统一，才能协调一致真正走出去，实现中国梦，造福世界的——和平欧亚非，正是在这个意义的层面上，“四校四导师”实验教学课题组与佩奇大学同仁及学生们的所有交流活动中，自觉用上述中华民族的文化独特魅力和文化自信力传递多种优秀品质，诸如“和为贵”、“和而不同”的东方智慧，“与人为善”、“己所不欲，勿施于人”的处世之道，“有朋自远方来”的对友人的仁爱、好客以及当代“一切为了学生”的师生人文精神……与佩奇大学的同仁们逐步达到了“民心相通”的现代交集和共识，并得到了相互尊重。同时夯实了合作的民意基础和社会基础，也提升了国际话语权和影响力。

二、推进“一带一路”建设中的设计教育大有作为，硕果累累

通过“一带一路”与沿线各国发展合作伙伴关系，共同打造政治互信、经济融合、文化包容的利益共同体、责任共同体和命运共同体。其中通过“中国文化”促进各国人民相逢相知、互信互敬，以“中国智慧”丰富人类文明，从而更加体现中国发展的包容性、普惠性、共享性。文化交流重在学习互鉴，而且需要以开放包容的心态相互学习、借鉴，取长补短，共同完善。我国古代就从西域文化交流中获益良多，如石榴、葡萄、胡萝卜等物产都是从西域传入内地的，在唐朝著名的十部乐中，西域音乐就占五部，等等。历史表明：中国吸收优秀外来文化的能力是很强的。创基金“四校四导师”实验教学课题组不断推进课题教育教学精品建设与创新，推出富有特色又形式多样的课题设计数十项。培育课题精品的关键是要以创新理念与方法、创新业态、创新资源为保证。课题

组还实施了“请进来”和“走出去”多层面、多维度的教学方法和活动。

与佩奇大学教育教学合作已四载，其教育教学成果硕果累累、成绩斐然。在课题教学和研究方面，共同完成了数十个课题的实验教学，每个课题都高质量地完成了结项，并由中国建筑工业出版社出版作品集三部、论文集三部，今年的教学成果和论文研究正在编辑出版中。这些设计作品和论文对当代中国高等教育创新和成就卓越人才是榜样的示范。在人才可持续培养方面，三年内从“四校四导师”实验教学课题组这个出口，到匈牙利佩奇大学这所拥有650年历史的老校攻读博士学位的有5人，攻读硕士学位的有12人；佩奇大学方面从“四校四导师”课题组出口到中国名企担任设计师1人，特聘教授1人；佩奇大学通过“四校四导师”课题组来中国访问团队3个，派代表团参加我国本行业内学术活动3次。创基金“四校四导师”实验教学团队去佩奇大学做课题的师生，三年来计130人次往返。双方收获颇丰：全面提升了两国专业教学的质量，增强了两国同行的友好感情，夯实了两国高等教育合作的基础，也成为促进两国繁荣发展的重要纽带。

三、建设“一带一路”文化与设计学科的教育强国

随着“一带一路”倡议的落实，“一带一路”变中国为印度洋国家：在阿拉伯海和海湾地区建立港口，作为中国在印度洋的落脚点，如在巴基斯坦建瓜达尔港、在孟加拉建吉大港、在缅甸建皎漂港、在斯里兰卡建汉班托特港。特别是随着中巴经济走廊的建成，中国将进入“两洋”时代，即太平洋和印度洋时代。

“东西双向开放”，中国还将变成一个中亚国家。“一带一路”以西域为中心重新界定中国与世界的格局，我们不再是站在太平洋岸边看世界，不再以深圳和上海为视角看世界。而是以西域为出发点，站在天山或帕米尔的雪山上看世界，构思“一带一路”文明圈：那是一个突厥、阿拉伯、波斯、俄罗斯和汉文化并存、交流、重叠、融合的文明带。今天，以中国为中心的东亚区域已成为世界经济的新中心，“一带一路”将连通东亚、中亚、西亚与欧洲成为全球经济新的增长动力，全球经济合作将进入“亚欧时代”。“一带一路”将欧洲经济圈、亚太经济圈，当今世界最具活力的两大经济圈连接起来，成为未来世界最具发展潜力的世界经济走廊，极大地改变世界经济地理布局，成为世界最大的经济体。“一带一路”作为对于来自太平洋压力的最优对策，是中国的战略觉醒，是基于自己的国家利益制定的国际战略。通过亚欧大陆和印度洋联盟，形成一个中国生存的更大空间，平衡“跨大西洋联盟”和“跨太平洋联盟”对中国的遏制。在大棋盘上，中国走了一步好棋。从提高“制度性话语权”看，中国需要建成一个拥有自己的文化圈、文明圈和文化势力范围的“文化强国”、“教育强国”。

在“东西双向开放”的思路下，实施“文化强国”战略，标志着中国与周边国家和更远的国家建立一种新型的关系。从辛亥革命以来被动性地融入世界秩序，转入今天的主动布局，将自身发展与塑造一个新的世界秩序结合到一起。“东西双向开放”下的“文化强国”建设的目标，不仅是中国与“一带一路”国家形成一个地缘政治合作体、地缘经济合作体，更大的目标是中国与“一带一路”国家形成命运共同体、安全共同体、利益共同体、文化共同体和价值共同体。

综上所述，通过“一带一路”文明圈建设文化强国，不是宣传中国中心论。“一带一路”很多国家都很为自己民族的文化、宗教、建筑、艺术、历史、领袖和社会制度骄傲。但是，中国要清晰、独到地表述中国的核心价值观是什么，要让“一带一路”沿线国家看到的中国价值和中国梦，不是狭隘地局限在中国。中国在“一带一路”倡导的中国价值和中国梦应该是每个人都想实现和都能实现的。中国需要设计一个能给人留下记忆的核心价值，便于在“一带一路”国家中传播。孔夫子的价值观是“仁义礼智信”，毛泽东的价值观是“为人民服务”，“一带一路”上的中国价值观一定要简单易记。中国要用一种平等和包容的态度，跟“一带一路”国家进行近似或共性文化圈的探索，挖掘和讲述中国与文化圈内国家在文化、宗教上的密切交往和相互学习的故事，让中华文化与沿线国家近似的、共生的或共性的文化，创造性地进行大融通，共同营造“一带一路”文明圈。

中国最终在“一带一路”上的崛起，必须是以一个文化教育强国的姿态崛起。

课题组考察佩奇市历史建筑

所思所悟

Thoughts and Comprehension for Practical Teaching Project

山东建筑大学 陈华新教授
Shandong Jianzhu University
Prof.Chen Huaxin

摘要：2017创基金“四校四导师”实践教学项目，是以湖南省长沙市昭山风景区的实验项目展开的实践教学。课题以旅游风景区人居环境与乡建研究为主题，在国内外16所院校的导师和研究生中开展。经过历时四个多月的实践教学过程，学生与导师均收获颇丰，感受良多。通过这次实践教学活动，使大家对旅游风景区人居环境与乡建设计有了更深层次的认识，在设计的深度和方案的可实施性等方面均有了大幅度提升。作为导师在设计实践教学的过程中，对我国设计教育中的培养模式、课程结构及教学方法有了更多的思考和感悟。这次实践教学打破了院校和国籍的壁垒。国际交流、名校的带动，是推动我国环境设计教育迈向新高度的强劲动力。

关键词：旅游风景区；设计教育；实践教学；人才培养

Abstract: 2017 Funds “Four Universities Four Tutors” Practical Teaching Project was launched around the real project in Shaoshan scenic spot, Changsha, Hunan. The project, among the tutors and postgraduates from 16 colleges and universities in China and abroad, carried out the living settlement and rural construction research in tourist resort. After over 4 months practical teaching process, the students and tutors were fruitful and beneficial, both with thoroughly understanding about living settlement and rural reconstruction and with great improvement in design depth and program implementation. Being as a tutor, more thinking and comprehension about cultivating mode, curriculum structure and teaching method in Chinese design education were provoked during this design-practice teaching process, especially without barries among universities and nationality. Therefore, international communication and school driving are the important opportunity for our environment design education on the process toward new horizon.

Keywords: Senic Spot Design Education, Practical Teaching, Talent Cultivation

一、课题概况

今年的2017创基金“四校四导师”实践教学课题与往年的形式不同，是在研究生层面开展的，由国内外16所院校的师生组成，每校由一名责任导师和一名研究生参加。其中唯有匈牙利的佩奇大学有三名学生参加，因此课题组成员共有16名导师和18名学生。暖春四月，实践教学课题在湖南省建筑设计研究院拉开了帷幕，以“旅游风景区人居环境与乡建研究”为主题，以湖南省长沙市昭山旅游风景区建设项目为实题，是设计院的实际项目。课题组负责人中央美院建筑设计研究院院长王铁教授为今年的课题开展煞费苦心、精心策划，制定了详细的课题任务书及整个实践教学项日的工作流程。湖南省建筑设讠研究院的项目负责人对项目的总体定位、设计目标、设计要求以及他们前期所做的调研等向课题组全体成员做了介绍，并带领课题组成员前往项目实地昭山风景区进行了现场勘察、调研。

湖南省自然资源富饶，人文历史丰厚，英雄豪杰众多。课题组除现场调研以外，还对长沙市进行了考察。通过这次湖南之行，使大家领略了湖南的人文气息和自然风貌，又一次感受到了芙蓉国的魅力，特别是对长沙市昭山风景区的现场考察为课题的开展提供了形象直观的一手资料。景区的交通状况、地势地貌、气候和植被环境等都是项目设计的先决条件。此次调研使大家对设计项目有了全面的了解，并获取了大量的图片和文字资料，为后期方案设计打下了良好的基础。

充分的调研工作使得在青岛理工大学的开题得以顺利进行。同学们按照任务书要求在设计任务的范围内各自选取了不同的空间，以不同的主题内涵呈现给大家。视角的不同、个性的差异，使选题的内容各具特色。而大家共同站在同一个讲台上的汇报，也正是交流、切磋、融合及提升的开始。大家享有的资源是国内一流的设计教育大课堂，豪华阵容的导师团队是国内独有的教学条件。此次的开题汇报会，使同学们的设计实践课题有了一个良好的开端。

七月的武汉堪称中国“四大火炉”之一，中期检查在湖北理工大学如期进行。在炎热的天气里，师生们以严谨的治学态度和精益求精的工作精神顺利完成了中期设计任务的检查。这次的检查在整个实践教学过程中是非常关键的，导师们及时给学生把脉、会诊，使各校学生的设计方案都步入了一个正确轨道、明确了设计方向，并找出了各自存在的问题。特别是学生之间取长补短，相互学习、相互影响所产生的作用也是不可估量的。一言以蔽之，在这个课堂上思想的碰撞、融合与提升，堪称设计教育的典范形式，同时导师之间的交流、名校的带动也是我国环境设计教育领域的一次集体研修，并且是将高校的智力资源与社会实践相结合的优秀范例。

八月下旬，课题组全体成员来到了匈牙利的佩奇大学。按照计划，课题的最终答辩、结题及作品展览将在这里举行。在这期间，恰逢佩奇大学650周年校庆，导师们为此也呈现了自己的设计作品，中国高校环境设计师生作品展也成为了校庆的重要学术活动之一。

在导师们的精心指导下，学生们经过历时四个月的设计过程圆满完成了设计任务和论文，并顺利通过答辩。最终课题组进行了作品评选和颁奖，在18名学生中评出了一等奖2名、二等奖2名、三等奖3名。我校张梦雅同学有幸荣获三等奖，取得佳绩。八月底，颁奖典礼在佩奇大学举行，佩奇大学的学校和学院领导以及国内部分高校的校领导出席了颁奖典礼，并为“一带一路”城市文化研究联盟揭牌。出席颁奖典礼的还有中国建筑装饰协会设计委员会的秘书长及国内知名企业代表，以及国内外课题组的全体师生。至此，2017创基金实践教学课题“旅游风景区人居环境与乡建研究”画上了圆满的句号。

回顾今年实践教学的整个过程，历时四个月，调研——开题——中期检查——答辩颁奖，课题能够顺利进行，主要得益于课题组组长王铁教授以及张月教授、彭军教授和其他几位骨干导师孜孜不倦的工作和辛苦付出，

陈华新教授与其学生张梦雅合影

得益于担任执行秘书的贺德坤老师事无巨细、任劳任怨的无私奉献。在这期间同学们、导师间也结下的深厚的友谊。2017创基金"四校四导师"实践教学课题，除了在学术方面的交流、学习和提升以外，还有其独特的意义——它凝聚了国内学科发展的主力军，对推动我国环境设计学科的发展有着不可估量的作用。

二、对旅游风景区人居环境与乡建设计的思考

随着经济社会的发展，人们的生活方式和消费习惯发生了变化，旅游成为人们调节生活、放松身心的一个重要组成部分，因而风景区的开发建设成为当今地方政府的一项重要工作。在我国新型城镇化的进程中，旅游业也是第三产业的一个重要组成部分，对地方经济发展起着一定的支撑作用。同时也是传承地域文化的重要载体。本课题所选择的湖南省长沙市昭山风景区人居环境与乡建设计项目，是湖南省的重点项目。通过课题组历时四个月的设计实践过程，导师及同学们收获颇丰，使大家对旅游风景区建设项目的设计有了更深层面的理解和认识，同时也有了更多的体会和感想。

旅游风景区的人居环境与乡建设计，是特定的景观类型中的环境与建筑与人之间关系的设计，它涉及历史、地理、园林、环境、建筑及规划等多个学科。因此，旅游风景区的人居环境及乡建设计具有多样性和复杂性，是集自然因素、文化因素和技术因素于一身的系统设计。总结归纳为以下几个方面：

1. 体现环境的整体性

旅游风景区人居环境与乡建设计必须服从于整体规划，每座建筑的比例尺度与山脉、树木、道路等要有适当的比例关系并和谐相处，而不是只顾突出自身。以总体规划为指导，树立整体设计的思想。环境永远是第一位的，建筑是贯穿其中的个体，而且建筑在体量上应该依存于环境，是整体环境的一部分。设计师必须做到把环境和景观作为建筑设计的限制性、前提性条件，如果将建筑作为景观设计的一个因素，那整个景区的设计就能成为有机的整体。所以，建筑设计是否应该树立以环境和景观为先导的设计观念；在建筑设计的始终，是否贯穿环境景观的参照并与之协调统一，确实是值得我们关注的问题。

整体设计是把区域环境当作一个有机的整体，即一个局部和另一个局部是相互依存的。当然，建筑依然是环境中的主角，决定着环境的表情和主旋律。当前在我国城镇化进程中，常常存在两种情形：其一是先有建筑，后做景观环境美化，这样导致建筑的独立性比较强，占据的比重较大；其二是在已有的环境里添加新建筑，滞后的景观设计很难形成整体的环境氛围。当代设计师必须在深入建筑单体设计时，兼顾整体的建筑环境，摒弃极端的、个人的单体形态的创作模式。同时，注重分析视域环境、周边环境、基地环境，系统提出设计目标与原则，确保建筑与环境的统一性与协调性，并且在建筑风格、主色调、环境营造等方面形成辐射式、制约式的影响，保证整体性的延续。

2. 体现环境的地域性

地域性是旅游风景区人居环境与乡建的基本属性。是在一定的空间和时间内，因其所在的地域的社会条件、自然条件在建筑环境中表现出的特质。地域性是当地长期形成的地域文化、社会形态等。建筑总是与地方的文化、民俗密切联系，并与文化相互作用、相互影响，设计中应将地方文化的特质体现在建筑上，以文化的视角塑造建筑的风格。建筑设计应充分考虑当地的文化特色及文化元素，只有这样才能产生具有文化内涵的、富有特色的地域性建筑及景观。

旅游风景区人居环境与乡建设计的地域性应具备三个方面，一是当地的社会生活、文化传统、民俗风格及生活方式等人文因素。二是自然资源条件、当地的气候、地形特征等自然因素。三是当地的经济条件、建造技术等技术因素。文化因素、自然因素和技术因素要相互依存，只有将其兼顾融合于设计方案之中，地域性才能得以体现。环境的地域性体现要注重挖掘和整理地域文化，对设计地点进行大量的实地调研后，提取文化符号和人文内涵，尊重地方传统文化、体现时代特点、体现地域性的设计才是环境设计的最高准则。

3. 体现环境的功能性

随着城市的飞速发展，建筑与景观的概念也在不断地发生变化，景观的表现形式不再局限于模拟自然，充当建筑的配角。建筑也不是具有观赏性的景观建筑。建筑与景观的完整性和功能性才是整体环境的生命力所在。设计需要满足功能的需求，这是风景区环境设计的根本所在。在旅游风景区设计中，一是要满足游客在游览过程中的基本需求，具备功能属性的空间要齐全。二是旅游风景区的建筑能满足自身环境容量的限制及标准。以实现景区的经济效益、社会效益和环境效益，达到可持续发展的目标。

陈华新教授与其作品展示

湖北工业大学王侃副校长和艺术学院周峰院长专程前来祝贺展览开幕

4. 考虑方案的可实施性

旅游风景区人居环境与乡建项目的设计，是一个系统的工程设计。由于山地环境的复杂性，影响设计的因素和制约条件比较多，因此方案的可操作性是设计师必须牢固树立的原则。除了基地的稳定性、气候条件和光照、排水因素以外，还要考虑山地建筑的竖向构造、建筑的物理因素及功能的有机结合，在生态、环保与节能方面严格执行国家的现行规范标准，使方案设计能落地并可实施。

在旅游风景区的设计中，切记不要过度开发，过量地设计人工景观和建筑景观，会造成大量的山体开挖，地表被破坏，树木被砍伐，对原有的生态环境造成严重破坏。大量的盘山公路的修建和索道等设施的修建也会对自然生态造成重创。这样的方案设计只从经济利益出发，是不能落地的，更谈不上可实施性。

三、对当前我国设计教育的感悟

21世纪是设计教育迅猛发展的时代，设计教育在充满竞争的信息时代里，对国民经济的发展和培养新世纪的人才具有举足轻重的作用。面对如今设计教育由艺术层面向物质技术层面转变，并有与其他学科交叉渗透融合发展的趋势，我们对设计教育的现状应该有更多的思考。

环境设计是一门建立在设计实践基础上的应用性很强的学科，它必须遵循艺术与技术的高度统一规律。纵观我国的设计教育，在设计教育体系和教学模式及培养方法等方面还存在诸多问题。结合2017创基金“四校四导师”实践教学课题，通过对旅游风景区人居环境与乡建项目的设计教学过程，不同程度地反映出我国的设计教育与当前新经济时代的设计人才的需求还有距离。

1. 对培养模式的思考

环境设计教育应遵循应用型人才培养的模式，我国现代设计教育发展近二十年了，对于艺术教育应用型学科的人才培养模式一直没有根本性的突破，还没有与国际现代的设计教育接轨，所出成果也远不如欧美发达国家和亚洲的日本、新加坡，我国的台湾和香港地区的设计教育发展也有许多成功的案例。设计培养模式的建立应与培养目标相适应，既注重培养学生的创造性思维，又注重强化实践动手能力，强调艺术与技术的结合。而我们现行的培养模式缺乏与以工程技术为背景的相关学科的融合，更多的是从感性的艺术层面去培养。

国内很多院校设计教育的教学模式很大程度上还停留在脱离实际、纸上谈兵的“虚拟设计”状态，特别是设

学生张梦雅与其作品《湖南昭山风景区潭州书院设计研究》

计技能、设计实践和实践教学的条件远远不能满足人才培养的需求，与发达国家相比还有很大的距离。我们必须重新审视目前我国的设计教育教学体系和培养模式，构筑以设计艺术与科学技术相结合的学科平台，为学生建立起合理的应用型学科的知识结构，以适应这个全球经济一体化背景下的经济社会发展对专业人才的需求。

2. 对课程结构的思考

设计本身就是学科交叉的产物，有其自身的规律，因而设计教育也必须遵循它的规律来规范培养模式和课程结构。依据学科交叉的理论，我们要重新审视课程的设置，包括基础课之间、专业基础课之间以及专业课之间的关系以及不同学科方向基础课和专业课之间的关系，建立不同学科方向共同的基础课平台和专业基础课平台。专业和专业之间相互融合，打破专业之间、课程之间的壁垒，这样更利于培养学生的综合素质。基础课要扎实，专业基础课要面广，专业课要精并突出特色。这样才有利于应用型人才的培养。

3. 对教学方法的思考

我们应该清醒地认识到教育思想的贯彻和教学目标的实现，关键还在于有与之相适应的教学方法。教学方法是教育教学知识输出的形式，是传授知识的媒介，教学方法的正确与否直接影响教学质量。比如，在德国包豪斯的教学中，多采用教师和技术人员合作授课的教学方法，大量的课时是在工作室进行，而不是在课本上、教室里单纯地讲授理论。他们的教育理念是，学生先从学徒开始，然后是工人，最后才是设计师。我们都知道德国是现代设计教育的发源地，它所产生的设计师和作品影响着全球设计艺术的发展。而我国当前的设计教育还没有与国际现代教育思想接轨，到目前为止，还有很多的院校教学方法单一和滞后，仍沿用学院派和模糊艺术的教学方法。学生依然还是关在教室内，限制在课堂上，致使我们的教育、教学质量大打折扣。

参考文献

[1]孙湘明，萧沁．对高校设计教育发展的深层思考[J]．装饰，2005（09）.
[2]刘谯．试论建筑的景观意识与景观的建筑意识[J]．城市建筑，2008（02）.
[3]江昼．试论旅游风景区景观建筑设计方法体系的构建[J]．生态经济，2014（12）.
[4]彭亮．中国当代设计教育反思——制造大国的设计教育现状及存在的问题[J]．设计教育，2007(05):169.
[5]许媛媛，陈翊斌．关于高等教育对设计人才的创新型培养[J]．设计，2012（10）.

一个进行时的实验

An Experiment in Progress

四川美术学院 硕士生导师 潘召南教授
Sichuan Fine Art Institute
Prof. Pan Zhaonan

摘要：回想过去的教学经历，对照今天教育的现实状况和知识快速更替的技术条件，学校与教师的作为何在？我们所掌握的专业知识与技能可以面对学生可持续的成长要求吗？如果我们把知识看作是信息，在当下信息时代的背景中我们的信息传授是否还有那么必然的主导地位？这些问题是当代设计教育无法回避的。中国设计教育模式所导致的问题难以应对国家战略发展的需求，普遍反映在严重的知识水平与专业能力同质化。希望通过四校四导师这一实验项目，为中国设计教育、教学提供可借鉴的经验，作为一枚石子，在过河问路的过程中探出歧路与坦途。

关键词：高等教育;设计教育;校企合作

Abstract: Recalling the comparison between the previous teaching experience and the present realistic situation, as well as the technological condition with rapidly changing knowledge, what is the role of schools and teachers? Can our professional knowledge and skills meet students' need for sustainable growth? If we regard knowledge as information, does the imparting process of information have to take a predominant position under the present information age? Those questions are inevitable for the modern design education. The issues caused by the mode of design education in China is hard to meet the developmental demand of the national strategy, which is generally reflected in the serious homogenization between knowledge level and professional capacity. It is hoped that the experiment project conducted by four professors from four universities can offer some referential experience for the design education and teaching of China, and moreover serve as pioneer to figure out a rugged or flat road during the trial.

Keywords: Higher Education, Design Education, School Enterprise Cooperation

一、回想与思考

2017年，是个容易让我时常遥想，但又主观回避的一个特殊的时间标记，它预示我的教师职业生涯已满30年。虽然教过的学生不少，堪称桃李可望，却无半点值得得意的成果。30年教龄对未来只是个象征，对现在就是个警告，对人生则是一个明示。大半人生已过，未来时日不多。回想30年前的意气用事至今仍未有多少收敛，俗话说性格决定命运，真是不假，我今天的现状就是性格真实的造就，我不打算改，也改不了。改了岂不是要改变未来的命运？可能会好，更有可能会不好。好一些对我无所谓，因为，享受它的时间不多了；不好或者是很不好，我却没法接受。因为，我的承受能力与抗争能力已远不及以前，不能从头再来了。所以，我认定不改是顺应自我命运发展的自然办法，它会让我以自己的方式对待自己的生活、工作。

30年，我既无鸿篇巨著，也没有最得意的弟子。他们都和我一样，没有神一般的天赋、鬼一般的能力，只能是个普通人。我自己才智平平，不可能教出才智超群的门生，我只能教学生们成为一个能够理解普通人、服务于普通人的普通人。

想想刚进川美时，看到50多岁的老教授，除了敬仰，就是发自内心的距离感，不知道教授们是否愿意与学生保持这种感觉。后来时间长了，同老师也渐渐地“随便”了，才发现他们很想和我们这种“屁孩”学生混在一起，一起说笑，甚至喝酒畅谈。这种难得的经历让我在大学期间明白了一些人生的道理，明白了一个艺术学院应该有的本真和没有代差的自由氛围。20来岁的学生与四五十岁的老师聊一些今天看来有些粗浅或是缺少技术含量的话题，但是教与学的因果关系最真实地影响到我的成长，影响到我的思想及性格的形成。回想我的先生们在课堂里教的那些专业知识与技能，在后来几乎没有什么具体的用处，但在课堂与课余的交往中却让我知道了要干什么、想什么，老师们给予学生的做人、做事的道理远胜过他们传授的知识与技能，至今仍然记得的教诲更多的是方法的引导与学习态度的劝诫。时隔30年后我已到了让学生产生距离感的年龄了，我能真切地体会到我的老师为什么面对不听话或是有自我见解的学生如此耐心和有兴趣交谈。因为，他们这个年龄容易犯错，也容易纠错，更是充满幼稚想象力与勇气冲动的时候，需要经验帮扶与塑造。

今天的天地之宽绝非30年前可比，知识与信息以从未有过的海量冲击着人类的头脑，考验人的理解力与判断力，这是对传统教育方式的挑战，也是对所谓专业教学的挑战。学生们在课余为补充自己知识的不足或寻找感兴趣的东西，可以到网上下载、去买课，主动地去寻找自我学习知识已成为当今青年人成长的主要方式。面对这样的现实状况和知识快速更替的技术条件，学校与教师的作为何在？我们所掌握的专业知识与技能可以面对学生可持续的成长要求吗？如果我们把知识看作是信息，在当下信息时代的背景中我们的信息传授是否还有那么必然的主导地位？这些问题是当代设计教育无法回避的。

二、在问题中寻找解决问题的方法

我们见证并经历了中国政治改革、经济发展、文化觉醒、科技进步和设计教育更新最大变革的时代，深切地感受到国家在快速发展中教育滞后的问题，尤其在今天这个信息与人工智能化的时代。校园虽是一片净土，但仍是培养社会精英的摇篮，几十年形成的教育体制，形成有碍于时代发展的壁垒，尽管它在短短的30多年里已经进行了地覆天翻的改变，却仍然无法满足社会各行业对设计人才的需求。

在今天，在中国经济成为世界经济动力源的背景下，许多行业纷纷参与到一带一路的国家发展战略中，中国创造已成为继中国制造后的最大期待目标。在全球化背景下的文化时代性、差异性与适应性成为商贸活动中重要

活动展览作品1

活动展览作品2

的价值指标，商贸活动也是文化交流活动，这对一个国家的人才能力是一个综合考验。目前，国家推行的大众创业、万众创新的发展策略，即是希望通过提升全社会的创新能力，驱动国家经济发展和产业转型，设计将在此过程中发挥重要的作用。然而，我们设计教育模式所导致的问题却难以应对国家战略发展的需求。数以千计的大学，每年毕业的各类设计专业毕业生数十万，从他们面对就业的困境折射出从业能力不足的普遍现象，严重的知识水平与专业能力同质化，是今天中国设计教育的典型顽疾。校园内按部就班地搞教学，校园外轰轰烈烈地谋发展，两者相闻却不相往来，世界是怎样？市场是怎样与我何干？学校或许更加关注各种评估考核指标和应对检查，而少于思考这样的体制、机制条件导致的问题，并力图寻找合适的方法加以改进。所有的学校相同的学科都按照一种标准模式、指标要求进行评价，标准很高却难以真正实现，而实现后的结果是否真正反映在学生的能力提升上？我们习惯把高校放在一起进行类比，并分出三、六、九等，梳理出标杆和榜样，以为是二、三流的学校向一流大学学习，由此可以提高其教育、教学的水平。这是一个非常主观，同时违背教育规律和本质目标的臆想。首先，一流大学的师资、优质的生源、充足的经费保障是二流、三流大学无法企及的；其次，一流大学的毕业生由于自身的优越感，难以屈尊到经济欠发达的地区从业，他们的眼光都是盯住发达的地区和令人瞩目的岗位、职业。而广大需要发展的地区的人才培养还是大多数由二、三流的地方院校完成，如果这样的状态长时间持续下去，大量的地方院校向一流看齐，盲目地追求指标一致，实际上也根本达不到。同时，丧失了自己应该服务于地方的人才培养目标与办学特色，永远沦为模仿一流的末流学校。从本质上讲，一流大学并非是被评出来的，是因为长久以来的学术积累，它本身就是优秀的大学，拥有出色的学术影响和学科建设，而这一切都是来自于学校里的“人”的因素：一是学生的能力和对社会的贡献；二是教师学术水平与教学能力；三是办学者的眼界与胸怀。

长久以来国内专业院校设计学科研究生培养存在理论与实践割裂、教学与应用脱节、学硕与专硕培养目标不明确等普遍问题；加之地方经济与市场条件的局限，限制了地方院校设计类学科研究生培养所需的外部环境，人才的培养与用人的行业、企业少有联系；院校间除了在一个系统内的工作联系，学术与教学的互动交流较少，更不要说展开深入而广泛的行业、企业与国外院校的教学交流活动。闭门造车在今天这个互联网时代已成为笑柄，却在中国的设计教育中普遍存在。多年以前中央美术学院的王铁教授与我曾经多次谈及此类问题，多年的教学与社会实践经历让我们深有同感，并希望利用中国经济快速发展、建筑装饰行业迅速扩张、设计企业快速成长、国外教育机构期待与中国建立合作关系的关键时刻，建立起有益于中国设计教育改革与发展的、开放共享的研究生培养平台。于是我们各自为政又相互支持地以不同的方式开展了教学改革的实验，没有共同来做一件事情是为探求设计教育方式的多种可能性，也是印证在不同学校背景、不同地域条件、不同培养方式下的实验性培养结果，希望以此为中国设计教育发展贡献可借鉴的经验。这些不同的实验方法与路径，显而易见地反映出两个不同团队所提倡的教改主张，并在实验的过程中相互支持，帮助彼此修正方法，达成目标。这也许是中国设计教育近些年来最有意思和具有观赏性的实验活动，它博得了行业、企业、学校、教育主管部门、社会机构的关注、支持和参与。我们身在教育体制之中，深知以我们微弱的愿望无法撼动体制的规则，但希望作一枚石子，在投石问路的过程中探出歧路与坦途。

四校四导师坚持了9年，从本科的跨校际联合培养转向研究生的跨国际、本硕直通的联合培养。不仅仅是打通设计学科中外合作、多校共享、行业与企业参与高学历、组团式培养路径，更为设计学科的教育、教学改革展现了面对未来发展的种种可能。这个探寻的艰辛过程，只有当事人才能够真正体味。每一次转变与调整，都是经历无数次的争论与思考；每一个阶段的成果，都是经过不厌其烦的指导与督促。多少次在坚持与放弃中犹豫，在困境与问题丛生中产生逃避，但为了得到一个实验的结果和内心一个象征性的意义，一次次的苦撑下来。我在这条路上是一个旁观者、随行人，但在另一条路上是主导者和牵头人，我深知这种实验的风险和困难，越是牵动的方面多，受到的阻力就越大，在不断解决问题的同时又在不断制造问题，精疲力竭地被绑定在一个循环中，这也许就是设计的宿命，也可能是教育的宿命。

三、成就了谁？成果是什么？

当你成天思考和面对的都是学生、课题、培养时间、讨论地点、支持经费、邀请对象、出版内容、展览方式与展场环境时，就几乎进入一个“万劫不复”的死循环中，无法停顿。从这个项目开始，我真正理解教育不容易，改变教育更不容易。这样的境遇说明一个显而易见的问题，就是中国设计教育问题太多，不改不行。中国地广人多，社会发展、产业转型需要创新驱动，广大的农村要发展、要建设更新，都需要大量有创新能力和知识水平的设计人才。而现行设计教育所培养的人才同社会的要求存在明显的差距，毕业后需要在不同的行业、企业中经历长时间的锻炼和培养才能适应市场的需要，虽然企业也是培养人才的地方，但在此长期磨炼的过程中有相当部分人因能力不足、适应力差、自信心不够，从而另谋他路。这实际上造成教育资源的浪费，虽然专业教育的目标不是就业教育，但数量较多的学生从事非专业工作，却不能不说是教育自身造成的问题。怎样才能达到具备社会要求的水平呢？行业、企业都无法给出一个标准答案。可是每个学校的教学从来都有明确的要求，上级管理部门也有相应的标准，而这些要求和标准的依据是什么？

设计是应用学科，设计教育的规律应该是紧跟社会需求，了解行业、企业需要，拓宽知识眼界，开阔思考视野。只有从本质上厘清问题的要点，才能找到解决问题的路径。央美主导的四校四导师与川美搭建的深圳研究生培养工作站，无疑是在不同的路径上尝试对设计教育现状问题进行试探性的触碰。试图通过多所高校的参与、国外院校的合作、行业的支持、企业的介入等多方联动，紧扣培养的上下游关键节点，展开针对性的教学实验活动。时至今日9年的征程，学生轮过多少届，参与的学校和教师换过多少人，负责人已是满头白发，而这些学校的设计教育、教学问题得到解决了吗？答案是肯定的，没有。所有参与的学校仍然有条不紊地按既定的教学秩序进行，所有参与的学校都支持这项教学改革实践活动，它就是个活动，它不能影响正常的教学秩序，而实验的目的就是想改变这个过去时状态下的问题秩序吗？每每面临这个无法回避的现实状况我都感到有一种冷彻脊背的悲哀，每次看到那个头发灰白的组织者，看到他急躁的情绪、恨铁不成钢的“怨气”和一脸的疲惫，我深感同情，也由衷地敬佩。感佩他的执着与痴心，他这9年什么也没有得到，收获了劳累、质疑和不解。他在日本留学却选择了欧洲大学合作，每年带领10多所学校的师生、企业的设计师、行业的领导、国外学校的师生等等，并以自己最不熟悉的交流方式一次次地来往于中国多个城市与匈牙利之间，开展着这个仅仅被看着是一个教改“活动”的活动。当然，我们都知道学校需要这样的活动，它可以被列入评估的指标当中，可以为学校的表格“增彩”。但如果一直

学生终期答辩活动现场

把它当作是非主流，排斥在设计教育发展的视线之外，那真是枉费了负责人的一番苦心和辛劳，也会反映出另一个实验的前景与命运，或许这本身就是在证明实验的另一种可能，是否会作用于体制。

今年8月我从欧洲的意大利转到匈牙利参加这个项目的最后一个阶段的活动，两个不同的国家虽然存在许多的差异，但在我们这些中国人看来好像就是从四川到了湖北，都差不多。在匈牙利佩奇大学呆的十几天里，最大的感受就是他们的工作与学习的节奏，让习惯于忙碌的中国人都会抓狂。但他们做事认真、不敷衍，却能得到事半功倍的效果。在活动中，能明显地发现，对于同一个课题的研究，佩奇大学的学生所反映出的对事物的深入观察与分析的能力，以及对问题从生活出发的诚恳态度，使他们的课题完成得较为客观和有新意，而不是刻意地做效果、为形式。这对于我们十余所国内院校反映出几乎相同的套路式设计，有明显的不同。设计作为一种社会优化方式本应简单，只要用心人人皆可成为设计师，这本是生活的一部分，在我们这里却显得非常的复杂，学得很辛苦却不得要领。差异性只有在同一事物的类比中才能呈现出来，如果这个活动仅仅局限在国内院校中，这种差异性的比较就微弱许多，因为，在向一流看齐的过程中自然都在做相似的思考，得出相同的结果。有了新系统的介入，对比出的差异性就大了许多，这是一种很好的互补，也是活动的真正意义所在。在这个过程中，学生与教师们收获的启发来自于不同文化背景下的思考方法和远距离的新鲜感，触动他们在惊讶与兴趣中产生平常不易出现的想象力与换位思考。

这个活动形成不易，进展颠簸，但依然坚持9年，本身就是对它价值的充分印证。教育是一个润物无声的过程，其结果不可能立竿见影地出现在受教人身上。四校四导师成就的是给予各校师生的相互启蒙，对于已有教学方式的重新认识与检讨，成果必然会显现在未来学生对社会的贡献和意识的发展上。实验的重要性体现在过程的意义，通过对过程的经历各取所需，这注定是一个无现实结果的尝试。既然教育是在传道过程中解惑，那么自然也在解惑中传道，并在此过程中心生疑惑；既然这是教育的循环，那么在问题中展开的实验将一直持续……

探索4×4实践教学

Experience of 4×4 Professional Practice Teaching

湖北工业大学艺术设计学院 硕士生导师 郑革委教授
Hubei University of Technology, School of Art and Design
Prof. Zheng Gewei

摘要：近年来，各大艺术设计院校与综合性院校的环境艺术专业培养了越来越多取得硕士学位的研究生，但量变不等于质变，过程中发现，由于培养目标不明确、教学观念落后等原因，造成当下研究生培养的误区，学生不重视也不具备学理化的推导能力，不尊重科学，陷入脱离实际的审美游戏的“自恋”状态中，设计研究成果如空中楼阁，经不起推敲而毫无意义。一旦踏入社会便极不适应，调整不佳，便被淘汰。针对环境艺术设计专业研究生培养目前所存在的问题，明确了环境艺术专业研究生的培养目标，阐述了环境艺术设计专业研究生必须具备开阔的视野、扎实的专业技能、良好的沟通能力。结合2017年4×4环境艺术设计专业研究生实践教学课题，提出了环境艺术设计专业研究生的培养方式与教学方法。

关键词：视野；学理化；沟通

Abstract: In recent years, the major art and design institutions and comprehensive institutions of environmental art professional training more and more master's degree graduate students, but the amount does not mean qualitative change, we found that due to the training objectives, teaching ideas and other reasons are not clear, resulting misunderstanding of graduate students, students do not attach importance having the ability to learn physics and respect science, fall into the reality of the aesthetic game from the narcissistic state. Design feel like results such as air castles, can not withstand scrutiny and meaningless . Once enter into the community,they will not adjust to the society and weed out. This paper aims at the current problems in the cultivation of postgraduates of environmental art design, clarifying the training objectives of postgraduates of environmental art, and expounds that the postgraduates of environmental art design broaden the horizons, solid professional skills and good communication skills. Combined with 2017 4×4 environmental art design professional postgraduate practice teaching topics put forward the environmental art design professional training methods and teaching methods.

Keywords: Horizon, Rationalized Logical Thinking, Communication

2017年创基金环境艺术设计实验教学课题历时四个月，经历长沙考察、青岛开题、武汉中期检查，以在匈牙利佩奇大学顺利完成终期答辩、成功举办师生作品联展而圆满结束。与往年不同的是，今年是以研究生教学为主，来自中外16所院校的共计18名研二学生，在16所院校的硕士生导师以及社会实践导师的指导下，顺利完成了各自的设计以及理论研究，取得了丰硕的成果。各校的导师打破了院校壁垒，对18名来自不同院校学生的设计与论文做了充分的指导，学生则在各校导师的指导下拓宽了视野，也在不同院校学生间的相互学习中取长补短，增长了见识，在专业上也取得了很大的进步。而笔者作为责任导师，在课题推进的过程中，与其他14所院校的导师交流中也受益匪浅，并对环境艺术设计专业的研究生培养与教学有了切身的体会。

随着1999年大学扩招，设计学硕士点的增加，每年环境艺术专业为社会培养的研究生与日俱增，现在各校环境艺术专业的研究生招生规模已经等同甚至超过1999年扩招前环境艺术设计专业本科的招生规模。规模上去了，我们的质量达到了吗？目前的现状是，环境艺术设计专业研究生培养目标不清晰，培养方式与教学理念、教学手段落后，导致很多学生在读研期间无所适从，不知道读研的目的，不知道如何选择自己的研究方向，更不知道研究方法与手段，出成果也就无从谈起。后果是，三年的研究生学习就像是本科学习的一个延续。如是，作为学生，有必要浪费这3年光阴吗？作为学校，这样的研究生投放到社会上有价值吗？笔者一直在考虑环境艺术设计专业研究生的培养目标是什么？社会需要什么样的研究生人才？环境艺术设计专业的研究生应该具备什么样的能力？我们的培养方式与教学手段如何改进？

顾名思义，研究生，应该是能够参与研究、具备研究能力的学生。无论是在培养目标还是培养方式上都应该与本科生不同。本科生更多的是按照一定的教学计划，系统、循序渐进地教授专业领域内的基础课程、专业基础课程、专业课程以及完成毕业设计。在课程设置及教学过程中，学生更多的是被动地接受专业知识讯息，广泛学习专业领域内的各个知识点。本科生的培养目标是培养掌握环境艺术设计基础理论、知识，具备一定的实际应用能力，成为能够从事相关领域工作的高技能专业人才，能够利用所学知识解决实际问题。而研究生的培养目标应该是培养文化视野宽广，具备研究能力、创新能力的研究型高层次人才。研究生的学习是主动的，是系统的，要求应是不仅仅掌握传统意义上的本科阶段所要求的专业技能，更应该是在专业领域的某一个方向做深入的理论研究和设计实践，在理论上应该掌握研究方法，具备研究能力，能够在研究方向上提出自己的创新点；在设计实践上掌握学理化、系统化的思维方法、设计方法。只有这样，我们培养的人才才能符合信息时代知识更新迅速、创新型社会的要求。要实现这样的培养目标，作为导师，所谓正人先正己，自己首先要不断更新自己的知识储备，不能把环境设计专业完全看作一个纯艺术专业，自己首先要认识到环境艺术设计是一门多学科交叉的专业，它必须具备学理化的思维方式，在设计过程中更需要对科学的尊重。在对学生的培养过程中，要正确引导才能实现我们的培养目标。

作为学生，通过三年的努力，必须提高以下三个方向的能力，才能适应社会，才能在社会的残酷竞争中立于不败之地。

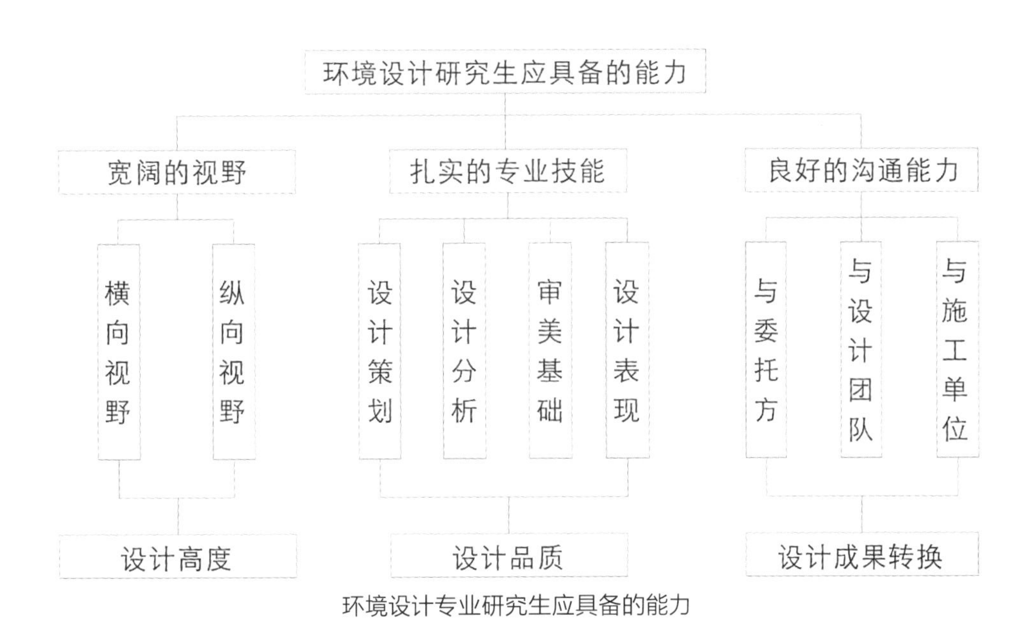

环境设计专业研究生应具备的能力

一、开阔的视野

环境设计专业的研究生主要的学习任务是通过四年的本科专业学习，在研究生阶段专业领域的某一方向进行系统的研究，提出自己的观点，运用合理的研究方法与手段，得出自己的研究结论，并通过自己的专业设计进行佐证。在这个研究过程中，必须有自己的创新点。作为环艺专业的研究生，在研究过程中，如何选题，如何展开研究，如何提出自己的观点、开阔的视野，是必须具备的首要的专业素质。

视野决定了你的研究高度、广度和深度，更决定了你的研究是否具有价值，最终决定了你的研究的成败。如果你的视野狭窄，你会发现自己的工作如井底之蛙，肤浅、片面，毫无价值；如果你的视野狭窄，你会发现在研究过程中举步维艰，处处被动。笔者认为，视野分为横向的视野与纵向的视野，横向的视野，首先必须培养广泛的兴趣，很多同学在学习的过程中，只关注本专业的信息，对专业以外的资讯不闻不问，最终都会遭遇到专业发展的瓶颈。我们必须对这个世界充满好奇心，关注、了解不同的学科，纯美术、设计、电影、戏剧、文学，甚至社会科学、自然科学等等，只有这样，我们才会打破狭隘的环境艺术设计的框框，才会突破专业的局限性，才会站在更高的高度，更全面、深入地了解环境设计这门学科，才会在理论研究的过程中旁征博引，多角度、多维度地对自己的论点展开有说服力的研究，才会在设计实践中，产生更高的设计立意。另外，必须打破院校与专业的壁垒，学生必须走出自己的学校，走出自己的家乡，甚至走出国门，朋友圈也不应该仅仅局限于与自己相同专业的朋友，这样才会看到不一样的东西，听到不一样的声音，体会到不一样的感受，才能开拓我们的视野，宏观地看待问题。坚持近十年的4×4环境设计专业教学实践活动就为大家提供了一个开拓视野的有效平台，学生在中外不同地域、不同层次院校的老师指导下，不同院校学生相互的学习下，避免了专业上的“近亲繁殖”，拓展了视野，也认识到了自己的不足与局限，取得了丰硕的成果。纵向的视野，必须培养钻研的精神，对任何一个设计领域与设计项目，我们都必须从美学、设计学、社会学、心理学等方面纵向、深入地进行研究。首先，充分了解该领域的国内外最新的设计理念、研究成果，你必须深入了解你所选择的方向领域别人在做什么，理论上别人提出了哪些观点，在设计上有哪些不同的设计理念，然后进行分析、梳理与总结，在此基础上，你发现问题，由此提出自己的观点。这才是你研究的目的、意义与必要性，也是所谓的创新点。否则便会陷入闭门造车的境地，做了很多的工作，突然发现你是在做重复劳动，别人做的甚至比你还深入与全面，就失去了研究的价值。其次，在自己的研究领域里，你必须从各个学科的视角、不同的维度来审视自己的观点，必须用古今中外的成果来论证自己的观点，最终提出自己的研究结论。没有开阔的纵向视野，没有钻研的专业精神，你的研究是不具备说服力的。

二、扎实的专业技能

研究生阶段的专业技能必须更加的设计系统化与设计学理化，所谓设计系统化是包括设计管理、设计策划、设计表达、设计实施监理等。任何一个设计项目都不是孤立的，它都存在于一个社会体系中，作为设计师，特别是作为一名研究型的设计师，他应具备的不仅仅是专业设计能力，他应该了解项目的社会、经济背景、人文历史背景、项目的运作方式等等，从而提出设计策划方案，精准定位。在设计实施过程中，必须了解整个设计流程，管理好整个设计过程，保证设计在项目的运作过程中顺利实施。所以扎实的专业技能包括管理能力、策划能力、设计能力等等。设计学理化是4×4环境设计专业教学实践活动课题组一直强调与提倡的专业技能，环境艺术设计不是审美游戏，不是置于美术馆、博物馆的艺术品，它也不是孤立存在的，它影响着环境、改造着环境，它更是一个置于环境中的构造体，环境艺术设计是一个多学科交叉的专业，它涉及美学、土木工程、结构工程、环境工程、人机工学、行为学等等多种学科。在设计过程中，它基于基址有一个学理化的系统推导过程，才能确定设计策略与设计方法。同时，更不能信马由缰，想当然地做一些所谓的空间造型，设计的想法必须受到构造体建造规范、结构科学的制约，所以，作为环境设计专业的研究生首先必须树立科学观，要相信科学，其次要尊重规范、了解规范，这个规范既包括国家的各种建造规范，也包括设计表达过程中的各种设计规范。学理化的推导更是重中之重，在设计过程中，必须通过各种针对性的调研，取得不同的数据，通过分析得出结论来作为空间设计的依据及理论的支撑，在此基础上的创意活动才是可行以及有价值的。

三、良好的沟通能力

研究生在完成学术研究与设计过程中，会面对不同的人，与不同的人交流沟通，不能孤芳自赏地在那儿自得其乐，才能让设计研究产生意义与价值。在一个设计项目中，立项阶段，你要与委托业主沟通，以便深入了解项目的目的，确定设计目标；在设计前期阶段，你需要广泛的调研，必须与规划部门、社会人员广泛接触与沟通以获取设计所必需的各种数据；在设计方案阶段，你需要与设计团队成员、委托方、其他相关设计单位沟通，提出最合理的设计概念；在设计深化阶段，你需要与施工方、材料供应单位沟通，确保设计深化的可行性。在实际的设计项目中，在每个设计阶段向委托方汇报尤为重要，在沟通过程中，你必须在有限时间里，思路清晰，逻辑严谨，重点突出，在碰撞中，自信、专业才能立于不败之地。有的学生设计作品虽然不错，但拙于言语，阐述自己的作品思路混乱、表达不清；有的学生虽然作品一般，但自信从容，阐述作品有理有据，相反还会获得更好的沟通效果，最终产生更好的结果。良好的沟通能力的前提首先是你必须有丰富的知识储备，它是良好沟通的基础，否则就是流于表面、毫无实质内容的空谈，沟通也无法深入下去，更无法达到沟通的目的。其次必须具备良好的语言表达能力，它是良好沟通的媒介，文学功底、语言能力尤为重要，最后是充分的准备，它是良好沟通的手段，只有理清研究和项目的来龙去脉、逻辑关系、主次关系，做好调研以及数据的采集与分析，沟通才具有说服力，才会得到好的结果。今年4×4环境艺术设计专业实践教学课题，学生在四次正式的PPT汇报答辩自己的课题以及与各校老师、学生的交流中，都历练了沟通能力。

我们如何让学生具备上述三种能力，也就是说我们如何培养环境艺术设计专业的研究生，实际上今年4×4环境艺术设计专业实践教学课题给了我们一个很好的答案，学生通过4×4四校四导师开放的教学平台，每位同学相当于接受了中外16所院校教授的指导，同时也相当于与中外16所院校的学生做了长达四个月的充分交流，而且还走出了国门，这样难得的机会使学生拓宽了视野；4×4严谨的教学要求、提供的真实课题、统一组织的现场实地调研，培养了学生系统化、学理化的思维方式、设计方法，提高了专业技能，学会了与人沟通。

当代乡村遗产保护
2017年“4×4”实验教学课题
Contemporary Heritage Protection at Countryside
Exposé to “4×4 workshop” 2017

匈牙利佩奇大学建筑学院 阿高什·胡特尔教授
University of Pecs, Institute of Architecture
Prof. Akos Hutter

2017年是佩奇大学(University of Pecs)历史上一个非同寻常的特殊时刻，是她创立的第650周年。今年，中国“4×4”实验教学课题组也加入到了校庆周年纪念活动。最终的颁奖典礼和闭幕式于八月在佩奇大学工程与信息科学学院举行。此外，这次活动还举办了一场优秀的建筑展览，挑选教授和学生的杰出作品来展出。

The year 2017 is an extraordinary, special time in the history of the University of Pécs celebrates the 650th years anniversary of its establishment. The China University Union “four-four” workshop was also fit into the event series of anniversary this year. The final presentation and closing ceremony was hold in Pécs at the Faculty of Engineering and Information Technology in August. Furthermore, the presentation was followed by an excellent architectural exhibition selected from masterpieces of professors and students works who attended on the professional event.

在过去的几年中，该实验教学项目也符合2017建筑学院的教育计划。三名硕士生参加了今年的实验教学课题，研究了佩奇地区的一个重要的建筑课题。他们把注意力集中在一个靠近佩奇的自然环境优美的小城市，在匈牙利南部跨多瑙河地区最受欢迎的旅游区之一。这一地区的吸引力是由城市的区位决定的，更确切地说是麦加山的山谷和两个湖泊每年吸引数以千计的游客。Orfű城市的由来就是两个湖泊周围的五个微型定居点的联合。

As the past several years the workshop was fit into educational schedule of Institute of Architecture in 2017 as well. Three master students attended the workshop this year dealing with a crucial architectural topic from the region of Pécs. They focused on a small city close to Pécs located in a beautiful natural environment which is one of the most popular tourist areas at the south Trans-Danubian region in Hungary. The ambience of this area is determined by the location of the city in a valley of Mecsek hill or rather by those two lakes which attract thousands of tourists every year. The city of Orfű derived from union of five micro settlements around the two lakes.

建筑环境的建筑价值，除了自然环境的丰富价值外，也有其独特之处。在这个地方可以发现一些优质的传统建筑遗迹，特别是传统手工艺的建筑记忆，尤其是磨坊工业和文化。乡村建筑的一些有价值的例子在城市的原始形态中得到了保护，这为研究传统的建筑和设计解决方案提供了极大的可能性。此外，几年前，一个非常热心和坚定的团体已经开始沿着山谷的溪流更新和回收一些不同类型的磨坊建筑。他们的雄心壮志是在现有的和原始的环境中向游客介绍传统手工艺和专业。他们建立了一个由不同种类的磨坊，例如干磨坊和湿磨坊组成的旅游中心，并在造纸厂室外熔炉制作传统的面包，可以由游客来烹饪和尝试。

The architectural values of built environment are also distinguished besides the rich values of natural surroundings. Several high quality traditional architectural monuments can be found this place especially the architectural memories of traditional handcraft particularly the mill industry and culture. Some valuable examples of rural architecture were protected in original form in the city which provide great possibility to research the traditional constructional and design solutions. In addition, several years ago a very enthusiastic and committed group has started to renew and recycle some different kind of mill buildings along the stream in the valley. Their strong ambition is to introduce the traditional handcraft and profession to the visitors among the existing and original environment. They established a tourist center formed by different sort of mills namely watermill, dry mill, paper mill with an outdoor furnace where traditional bread can be cooked and tried by the visitors.

与传统建筑一起，这里有一些当代建筑的伟大范例。现代建筑的那些谦卑的解决方案完全与小规模的乡村建筑相协调。最关键的问题是材料的使用，按传统的建筑环境在这一地区使用合适的比例和尺度。

Together with traditional architecture there are some great examples of contemporary architecture

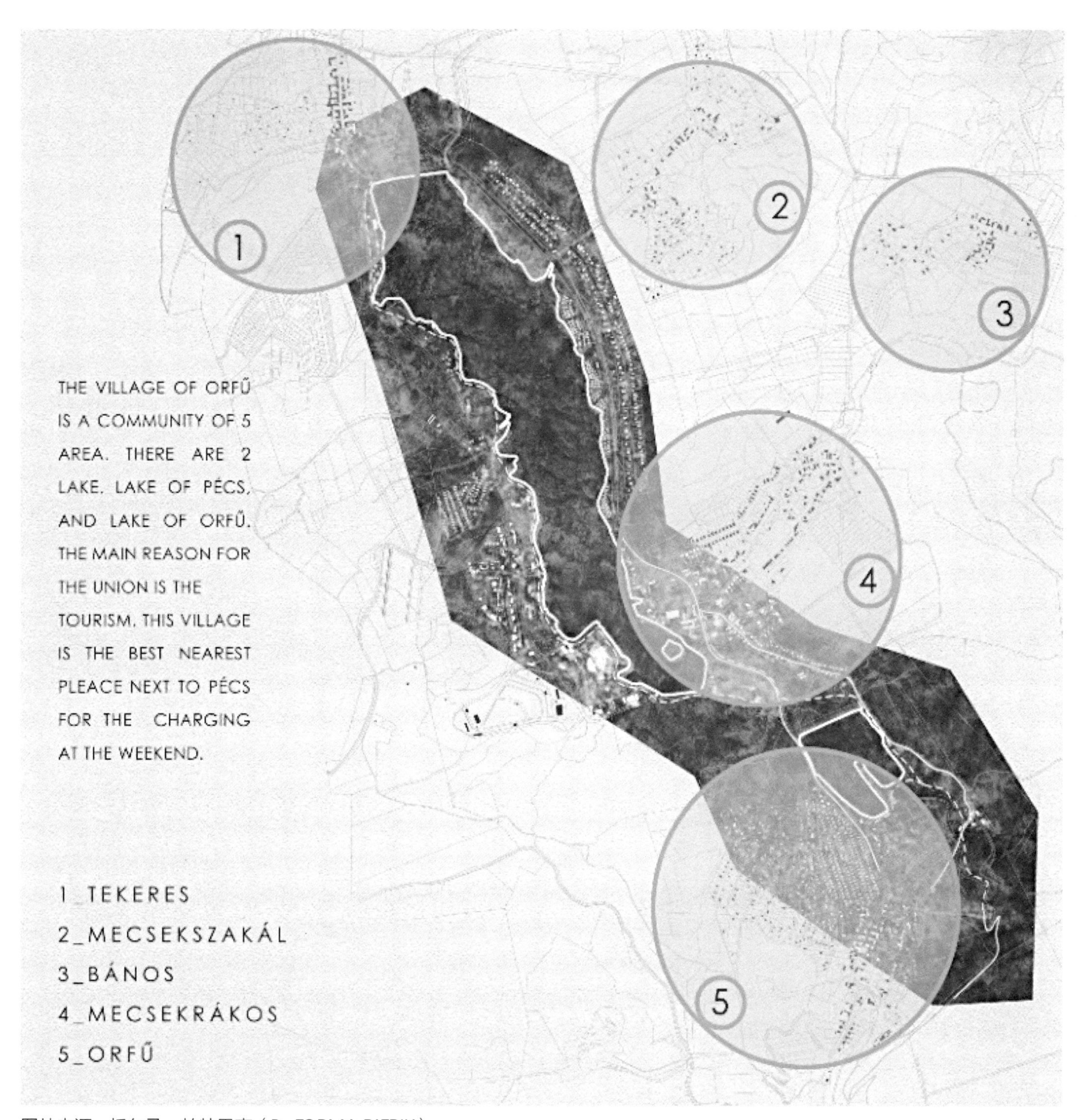

图片来源：托尔马·帕特里克（By TORMA PATRIK）

来自托尔马・帕特里克（By TORMA PATRIK）

来自托尔马・帕特里克（By TORMA PATRIK）

来自托尔马・帕特里克（By TORMA PATRIK）

来自托尔马・帕特里克（By TORMA PATRIK）

in this area. Those humbled solution of modern architecture are totally harmonized with small scale rural architecture. Most crucial questions are usage of materials, application of right proportion and scale.

学生提案的地点是靠近较小的湖或离工厂很近的地方。第一步，他们必须要先分析这个区域周围的典型的传统建筑，以及不同的车辆到达该地区的不同方法，因为这一区域普遍以自行车骑行或徒步为主要趋势。通过对场地的分析，他们着手找到了拟议建筑的正确地点和解决办法。发现自然与新方案之间的和谐是成功的过程，并在新开发与现有的建筑环境之间达成一致，遵循典型的材料比例和使用方法，或在某些情况下，在传统技术中获得新的发展与现有的建筑环境之间的一致性。学生们试图通过一些正式的解决方案，从临近的周边环境中寻找令人兴奋的现有元素，从而影响他们的设计。

The plot of students' proposal is located close to the smaller lake or rather close to the mill. At the first step they had to analyze the surrounding and typical traditional architecture of this area furthermore the possible approaches by different vehicles since some popular bike trail and hiking road are lead

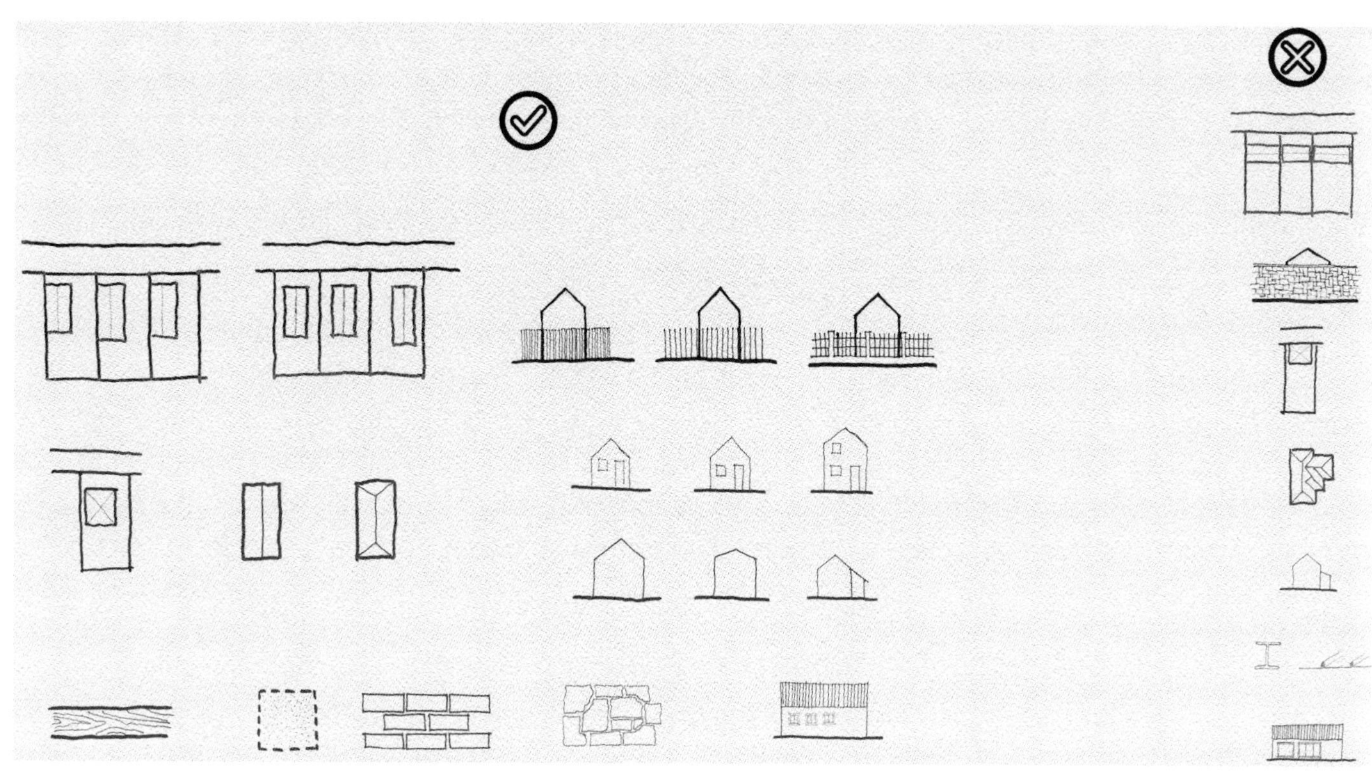

来自托尔马·帕特里克（By TORMA PATRIK）

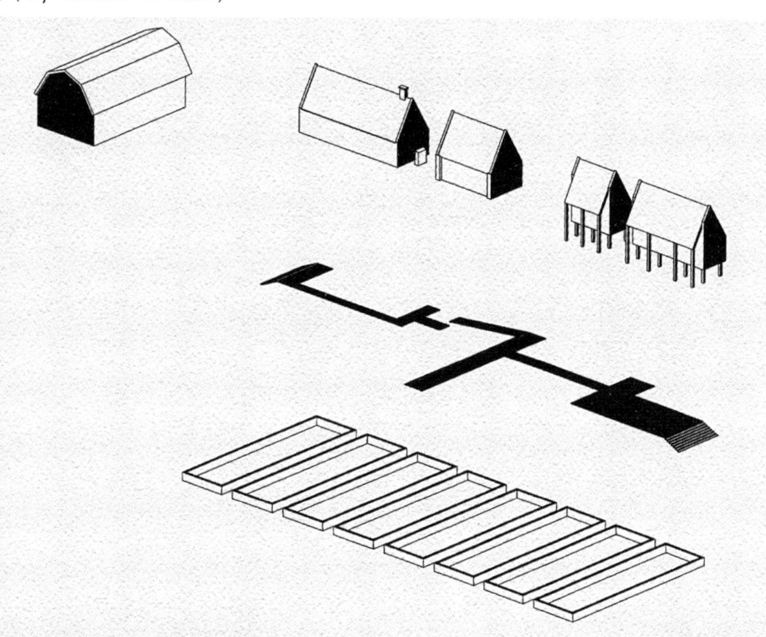

INSPIRATIONS

来自托尔马·帕特里克（By TORMA PATRIK）

across this place. After analyzing the site, they proceeded to find the right location and settlement of proposed building. The successful process is finding the harmony between nature and new proposal furthermore getting the accord between new development and existing built environment following the typical proportion and usage of material or in some cases traditional technologies. The students tried to search exciting existing elements from adjacent surrounding influencing their design even in some formal solutions.

以其环境为中心的、受环境影响的设计方法，能够进一步构筑传统的、有价值的建筑。这种方法是一种遗产保护，即使它被用来设计新的发展。它能够提高一个地区的建筑质量，这将有助于挽救我们的古迹、景观和我们的自然环境。

The humbled way of design that concentrates to its surrounding and which is influenced by environment is able to build further the existing traditional and valuable architecture. This methodology is a sort of heritage protection even if it is used to design new developments. It is able to rise up the architectural quality of an area which will support to save our monuments, landscape and our natural environment as well.

这个实验教学课题在几年间已经成为在建筑学专业中专业教学方法的最重要的部分之一。学生们在文化领域方面领略建筑的机会比商业金融领域更大。参与这些项目的设计师必须有一种保护我们的建筑或自然遗产的使命，使用建筑、设计和艺术的力量。今年参加课题组的学生们得到了我们职业的复杂性的经验。通过研究，分析他们项目设计的区域，他们提出了自己的功能理念，可以帮助维护或改善城市的生活状况。此外，他们还回答了当代建筑和传统建筑之间的对比与和谐问题，最后他们考虑了技术、结构问题，集中于能源效率、适用的当地材料和传统程序。所有的这些方面与当地的传统工艺与现代技术要素的新发明，都意味着在中国或匈牙利甚至全世界，对国家发展挑战的回答。

The workshop topic has been fit in this professional approach for several years introducing one of the most important slices of architectural disciplines. The students get chance to have a glance into that field of architecture where the cultural aspect is much stronger than the financial or commercial parts. Designers who are involved in these projects must have a sort of mission to protect our built or natural heritage used the power of architecture, design and art. Students took part the workshop this year got the experience of complexity of our profession. Across researching, analyzing the area where they designed a proposal they came up with own functional idea which can contribute to maintain or improve the life condition in the city. In addition, they replied the question of contrast and harmony between contemporary and traditional architecture and finally they thought about technical, constructional issues concentrating energy efficiency, applicable local materials and traditional proceedings. All of these aspects and elements of local and traditional processes together with new inventions of modern technologies means organic answers to challenges of country development even in China or Hungary, all over the world.

实践能力·联合教学
2017创基金4×4“旅游风景区人居环境与乡建研究”实验教学课题
A Thought of Joint Teaching Based on Practice Ability
The 2017 C-Foundation · 4×4 Experimental Teaching Project
“A Study of Human Settlement in Scenic Spots and Rural Construction”

广西艺术学院 陈建国副教授
Guangxi Arts University
Prof. Chen Jianguo

摘要：随着2017创基金4×4“旅游风景区人居环境与乡建研究”实验教学课题在匈牙利佩奇大学结束，4×4“四校四导师”本科毕业设计实验教学的重心从“第八届”开始向专业学位研究生实验教学转移，取得丰硕的教学成果，引领同类专业学位教育改革。本文对联合教学实践过程中存在的问题进行分析和总结，提出以实践项目为导向的一体化教学模式，完善实验教学课题。

关键词：实践能力；专业硕士；联合教学；一体化教学模式

Abstract: The 2017 C-Foundation · 4×4 experimental teaching project ‘A Study of Human Settlement in Scenic Spots and Rural Construction’ has finished at University of Pecs in Hungary, and from the Eighth 4×4 experimental teaching of undergraduate thesis project, it begins to shift the focus on experimental teaching for professional master and has achieved fruitful results, leading the education reform of the degree of similar professionals. The author analyzes and summarizes the problems existing in the joint teaching practice, proposes an integrated teaching mode based on practical project and perfects the experimental teaching project.

Keywords: Practice Ability, Professional Master, Joint Teaching, Intergrated Teaching Mode

当前，我国经济的高速发展，科学技术突飞猛进，新的知识与理论和新技术不断进步，加速社会分工的细化，加快对职业或特定行业中高品质应用型专业人才的需求。2009年起，国家开始大规模招收和推广专业学位硕士并实行全日制培养模式，专业学位研究生的培养以实际应用型人才为目的，以职业化需求为导向，要求研究生培养模式由培养学术型人才向培养应用型人才转型，是我国学位制度改革和发展的战略性重大调整。

4×4“四校四导师”实验教学课题组顺应了这一趋势，由中央美术学院王铁教授担纲，清华美术学院张月教授、天津美术学院彭军教授、苏州大学王琼教授为核心的中外16所高校教学团队，在坚守了八年的“四校四导师”环境设计本科毕业设计实验教学课题取得巨大成功的基础上，从去年“第八届”开始，重心转向基于实践能力为目标的专业学位硕士协同育人或联合教学。

一、创新型实践教学探索引领同类专业学位教育

1. 一流院校主导

2017创基金4×4“四校四导师”的教学模式是整合了国内外一流院校的教学资源，旨在打通院校之间的教学壁垒，交流各个院校培养专业硕士的教学经验与特色，为我国的设计行业输出一批批具有理论研究与实践能力的高层次设计人才。

长久以来，我国教学资源的分布受到当地经济发展情况、历史文化背景、地域特色等客观因素的影响。封闭式教学在一些地区和时间段内持续存在，在这类教学模式下培养出的人才滞后于时代对高层次人才的需求，也将长期制约当地的经济发展。

2017创基金4×4“四校四导师”教学团队在完善了2016创基金4×4 第八届“四校四导师”本科环境设计专

业毕业设计实验教学环节的经验基础上，及时转向以实践能力为导向的专业学位硕士实验教学探索，该模式的推出，将一流院校优秀的教学模式、丰富的教学经验、完善的教学管理制度向地方院校输出，以期带动地方院校共同发展。4×4“四校四导师”实验教学模式中设置的教学活动周期、实践项目课题选择、学科定位无一不是教学经验和教学管理制度的体现。在这一完善的教学体制下，教学相长，学生在真实的项目课题中增强了实践与科研能力，并带动参与院校青年教师在实践课题中成长。

2. 一流教师队伍

“教育大计，教师为本”，一流的师资队伍是创新型实践教学的基本保障，在4×4“四校四导师”实验教学课题中，一流的教师团队来自于国内外各大高校的学科领军人物，特别是核心院校的师资力量，他们的科研与实践能力突出，社会影响力巨大，见多识广，不仅是教学的名师还同时承担社会重大项目工程设计的主持，属于科研与实践能力超强的双师型人才。他们不仅教学经验丰富，知识视域广，责任心强，有奉献与担当精神，是上述教学改革的有力推动者、设计者、策划者与管理者，利用其巨大的影响力引领和推动创新型专业硕士的教学改革。

3. 一流企业双导师团队

参与4×4“四校四导师”实验教学课题中的导师包括一流的企业导师团队，他们来自于国内前沿的一流设计企业，如苏州金螳螂建筑装饰股份有限公司设计研究院、北京清尚环艺建筑设计研究院、深圳广田建筑装饰设计研究院、青岛德才装饰设计研究院、湖南省建筑科学研究院等企业的精英设计导师团队。企业双导师中有中国20世纪90年代中期建筑装饰界的领军人物，也不乏业内精英设计师，他们具备丰富的经验以及一流的管理模式等优势，为创新型专业硕士教学实践提供高品质的案例和真实的项目学习和实践，并在专业硕士实践教学课题研究的各阶段进行教学指导，是提高以实践能力为目的的专业硕士实践教学的有力保障。

4. 国际化视野与国际化教学接轨

2015年我国提出了“一带一路”战略，“四校四导师”相关教学活动响应国家的号召，积极扩大教学平台，在2015年的第七届“四校四导师”实验教学中，顺利邀请到匈牙利佩奇大学参与进来。国外先进的教学模式和教学经验、管理制度在很大程度上给予了参与课题的国内院校启发。国际化交流平台对各校教师的教学设计思路、教学方式与方法、教学组织等能力提供探索、改进的可能。与此同时，国际化交流使学生了解不同的文化、开阔眼界、提高自身内涵。不少青年教师通过4×4“四校四导师”这一教学平台，顺利地考入佩奇大学博士生院攻读博士学位。国际化交流是促使人才快速成长的一项重要举措，在一定程度上双方共享了彼此间的教学资源。通过教学上的交流交换，师生亲身体验到“和而不同”尤为可贵。

二、联合教学实践过程存在的问题

4×4“四校四导师”实验教学品牌的创办由四个核心学校发起，联合四个著名高校为支撑，四个基础院校参与，邀请中国一流的设计企业加盟，阵容可谓豪华。但是，在联合教学各阶段的实施与执行过程中还存在不少问题。

1. 部分院校对实践教学重视度不足，学生缺乏实践经验，对设计流程不熟悉，缺少规划设计的基础知识。

2. 缺少理工科风景园林专业常用的GIS（地理信息系统）、SWOT优劣势分析等技术手段。

3. 景观与建筑设计缺乏设计依据，建筑制图不规范，对设计的细节把控不足，山体与建筑的关系不明确，竖向设计不规范，缺乏建筑内部交通流线分析。同时在实践课题中，基地选址随意，无视规划设计法规，没有认真阅读项目要求。

4. 美术与艺术类院校与工科类院校相比，设计过程缺少逻辑思维与严谨度，天马行空，理性分析问题的能力较为薄弱，设计作品实用性不强。

上述问题显示，部分地方院校的专业学位硕士人才培养模式存在弊端，缺乏实践经验和有效的教学培养模式，削弱了社会竞争力。4×4“四校四导师”联合教学和以项目为导向的一体化教学模式能帮助地方院校解决上述问题，为地方院校提供师资力量和管理方法，指导地方院校完善教学大纲和人才培养模式，提高地方院校的教学水平，提高参与课题院校专业硕士解决问题的能力和撰写论文的能力。

三、以实践项目为导向的一体化教学改革

近年来，随着专业硕士研究生的招生规模不断的扩展，社会对高端人才需求量增加。与此同时也暴露出专业

硕士研究生在培养环节的诸多问题。

①不少学校对实践教学重视程度不够。导师项目不能为学生“量身定做”，学生参与项目的深度和工作量量化严重不足。

②由学术型转型下的专业学位硕士培养模式不够完善。对于专业型研究生的教育与学术型的教学模式相类似，同时，专业课的设置方面，依旧沿用学术型以撰写学术“论文为主”的教学模式。

③“理论+实践”模式过于平均。在研究生入学3年的攻读期间，多数院校仍旧是采用前半段先学习理论知识，后半段则进入设计单位参与实习，校内导师也疏于管理，学生实践能力弱并不受企业待见，学生相对被动，在这个环节出问题或跟不上，将很难及时查漏补缺，制定符合自身发展的计划。

④理论与实践之间未能产生关联。旧的教学模式仍旧是一个单元课程接另一个单元课程学习，学与用脱节，理论与实践之间缺乏联系。更缺乏将理论与实践两大模块有机地融合并整体思考，学生很难在项目设计实践过程中将理论知识充分运用到实际项目中。

如何立足于21世纪发展的战略高度，把握对专业硕士研究生的定位 ，与时俱进地改革人才培养模式，提高教学质量和竞争力，缩小社会需求与学校毕业生供给的质量缺口，解决教学中理论与实践脱节的问题，是4×4“四校四导师”实验教学课题需要解决的重点问题。建构“以实践项目为导向的一体化教学”模式改革，是以培养行业应用型专业硕士研究生高层次人才为目标 ，以实践项目为导向的人才培养模式的构建和实践为基础，探讨理论教学与实践教学一体化教学模式。

“以实践项目为导向的一体化教学模式”为主干，始终贯穿所有学习课程，无论是理论课程还是基础课程，都是围绕着项目开题、中期、结题展开，包含学习相关设计规范和法律法规、地理信息、生态学、植物学、建筑学、艺术学、历史与地域文化、科学与工程技术等多方面单元课程进行整合为一体的教学模式。将理论教学与实践教学有机地联系在一起，突出实践教学在培养专业学位硕士过程中的核心作用。通过校企合作进行项目跟进，建立完善的教学管理模式，校企合作联合培养模式。

1. 倡导真实案例教学，促进实验教学改革。

“一体化教学模式”，将理论与实践有机地结合在一起。采用真实的案例教学，实现课堂理论教学与实践教学对接。4×4“四校四导师”实践教学课题的实践表明，以实际项目带动教学，以项目为核心，论文撰写、技术操作等诸多课程内容服务于整体项目，以实际项目贯穿其中，以达到全方面提高学生实践能力为目标。相对于传统以讲授为主的传统教学方法，真实案例的引入有利于调动教与学双方的积极性，激发学生的创造性思维，实现教师与学生、学生与学生的多向互动，从而更好地促进理论与实践的结合。因此，对于专业硕士研究生的培养应大力提倡案例教学，在基础层面上实现“一体化教学模式”的改革，实现课堂理论教学与实践的无缝对接，从而提升教学质量。通过引入真实案例教学，丰富和完善课程体系的建设，有效地培养专业学位研究生的实际动手能力和职业道德操守，从而为专业硕士的培养与发展打下坚实的基础。

2. 建立校企实践基地，完善管理制度。

地方院校为完善其自身的培养计划和教学目标，由“被动式”的跟进，向“主动式”的教学改革转变。同时，地方院校应积极完善自身的教学水平、建设师资队伍，建立校内校外双导师制，建立校外实践基地并完善管理制度。核心院校则进行有效的监督与管理，从而进一步地完善校与校之间、校与企业之间的联合教学，推进以实践项目为导向的“一体化教学模式”的运行，促进校校与校企双方关系的良性发展。培养学生的实践能力，以实践成果促使学生的学术能力进一步提高，以竞赛的形式促进实验教学，同时用夯实的理论知识促进实践能力的进步。

完善管理制度，成立实践基地，以提高学生综合能力为目的，校内导师与基地实践导师根据学生的实际能力，制定具体的实践计划，同时，学生的实践成果也要求定期回校向导师汇报，加强监管。这样院校与社会紧密结合，实现双赢。“一体化教学模式”的实施，为每个专业硕士研究生提供了具体的前进方向。在实践中，发现自己的不足与缺陷，努力克服自己的短处，在校企双导师的指导下独立完成实践项目。

3. 与前沿企业有机对接，一流院校相融互通。

4×4“四校四导师”实验教学课题，是邀请一批有社会影响力的知名企业和设计师与国内外知名院校共同组成实践导师教学板块，提倡课题由知名设计院（所）实践导师团队出题、学生在导师组共同指导下独立完成设计作品。融“产、学、研”为一体，教与学互动，从而更好地促进专业硕士生的学习和实践能力。与前沿企业有机对接，以真实案例为依托，由校企双方导师共同讨论提出课题，指导方案设计，从而及时、准确地对方案进行调整。改变了以往企业获得廉价劳动力和学生脱离导师监管的弊端。同时，通过对4×4“四校四导师”实验教学课题的跟进，借助实验教学协同育人平台，促进院校之间和校企之间的沟通与交流，促进导师与导师、导师与学生、学生与学生之间产生新的化学作用和新的设计理念，实现理论知识和创新实践的紧密结合、互融相通。

4. 制定有效机制，保障一体化教学健康发展。

为保证“一体化教学模式”的正常推进和健康发展。4×4“四校四导师”实践教学课题组导师，要明确分工，加强各项工作的协调统一，建立“一体化”的管理规章制度，制定严格规范的导师聘用制度以及完善基础设施、基地建设、校内实验室建设等，更好地为“一体化教学模式”的运行保驾护航。

结语

“一体化教学模式”以实践项目为导向，实践教学不仅是理论教学的延伸，设置的高层次实践环节，也是理论教学的深入和升华。通过设置基于实践能力的专业硕士联合培养模式、理论教学与实践教学一体化的实验教学环节，实现高层次应用人才培养，保证了人才培养与社会需求的紧密衔接。

中国高等院校设计教育融入世界

Design Education Reform in Chinese Universities Toward the World

吉林艺术学院 硕士生导师 刘岩副教授

Jilin University of the Arts

Associate Professor Liu Yan

摘要：2017年金秋9月，中国高等院校实践项目“一带一路”城市文化课题暨“四校四导”设计实验教学课题，在匈牙利佩奇大学建筑经济信息学院圆满结题。这是一个具有时代特征的大课题，民族的地域文化观念和国际化的高校联盟体系教学实践随着时代的前进，如何反映新的教学实践质量的提高，如何满足新的经济关系的需要，如何适应时代的审美情趣的变化而发展，是我们所有与会院校师生共同面对的问题。在人文观、价值观重新定位的前提下，去建立新的美学意识、技术学和方法论，从而正确指导设计实践的问题。老师和学生在学术争鸣与交流中开阔了眼界、扩展了思路、增长了知识，从而更新了观念，提高了技能，走上了创新之路。在世界多元文化并存中建树中国高等院校实践课题项目的主导地位，为世界文化发展做出新的接触性贡献。

关键词：城市文化；教学实践；审美意识；贡献

Abstract: In September 2017, “The Belt and Road” city cultural issues for Chinese higher education practice project and “Four-Four” design experimental teaching project are successfully concluded in the Institute of Architectural Economic and Information of the University of PECS in Hungary. This is a big issue with the characteristics of the times. It is the common issue for all our attending universities and students that how regional cultural concept of the nation and the teaching practice of international colleges and universities alliance system reflect the improvement of new teaching practice quality, the requirements of new economic relationship and develop to adapt into the change of aesthetic interests along with the progress of the times. Under the premise of the re-position of humanism and values, a new aesthetic consciousness, technique and methodology should be set up so as to correctly guide the practice of design. Teachers and students broaden their horizons, expand their thinking and increase their knowledge in academic debate and exchange, thus renewing their ideas, improving their skills and stepping on the road of innovation. In the coexistence of multi-culture in the world, establishing the leading position of the practical project of Chinese higher learning institutions will make the new contribution to the development of the world culture.

Keywords: City Culture, Teaching Practice, Aesthetic Consciousness, Contribution

课题背景

面对新的世纪，中国综合国力的迅速提升，对于国家、对于国民、对于文化，设计行业正日益发挥着更重要的作用，这一切都离不开国家文化软实力的不断提高，以及高等艺术教育的支撑作用。党中央对文化繁荣发展的重视前所未有，主要标志为2014年习近平总书记主持召开文艺工作座谈会并作重要讲话，以及2015年中共中央印发的《关于繁荣发展社会主义文艺的意见》，为高等艺术教育发展指明了方向，提供了强有力的政策支持，为高等艺术教育发展、提升提供了广阔的空间。在2017年5月举行的“一带一路”国际合作高峰论坛开幕式中，国家主席习近平在演讲中特别强调了坚持以和平合作、开放包容、互学互鉴、互利共赢为核心的丝路精神，携手推动“一带一路”建设行稳致远，同日习近平主席分别会见了匈牙利总理等外国政要，让“一带一路”面向国际，在这前所未有的好时代中，我们在这次国际合作高峰论坛的理念鼓舞之下，以高等院校4×4建筑与人居环境研究课题组为核心，研究院以高等院校和中国建筑装饰协会会员单位为基础，在中国建筑装饰协会设计委员会牵头架起的交流平台上，打造知名企业，与高等院校共同设立中国建筑装饰卓越人才计划奖，宗旨是为优秀年轻教师、优秀青年设计师、在校优秀学生提供研究项目经费，为“一带一路”沿线国家的高等院校的设计教育学术交流合作创建基础。与政府合作搭建由名校与名企为主体的共享平台，提倡走向国际间合作的可行性未来计划，为“一带一路”沿线上的国内外院校和地区架起桥梁，为社会和企业培养更多合格的设计人才。

跨地域的学术交流体系

1. 教育改革创新点

让社会上知名的学者、艺术家、设计师来访，参与教学，成为建筑业内和高校间最豪华的指导团队。

2. 教学课题的框架

①教学带头人的能力、社会影响力

课题组由中央美术学院建筑设计研究院院长、景观建筑艺术方向博士生导师、匈牙利（国立）佩奇大学建筑学博士生导师王铁教授牵头以及中外高等院校相关学科教授、设计实践能力学科带头人、有探索志向的青年学者、知名设计研究企业中具有研究能力的设计师、设计总监和一线年轻设计师组成，在中国建筑装饰协会设计委员会平台上开展设计实践课题，为国内最具影响力的指导团队之一。

②联盟形式：交流—互动—沟通

任何行业和任何专业原则上来说都具备着各自的专业局限性，但作为一个设计师来说，他的设计思想，他的设计理念的传播不应该有界限。课题研究通过国际国内同行院校的师生、设计界、企业同行的共同努力来共建平台，重点放在探讨国际间高等院校课题合作，培养具有国际文化视野。同时被这个经济时代所需求的顶尖设计师，他不仅具备深厚的文学基础涵养，具备创造性思维，还应具备逻辑性的数学思维，唯有同时兼具多种素养，才能成为一个合格乃至出众，符合现在、未来需求的优秀建筑与景观设计创新人才。

一带一路，城市文化研究联盟挂牌仪式在佩奇大学工程与信息技术学院举行，为“一带一路”沿线上的国内外院校和地区架起桥梁。中央美术学院建筑设计研究院院长，景观建筑艺术方向博士生导师、匈牙利（国立）佩奇大学建筑学博士生导师王铁教授与吉林艺术学院刘岩老师留影

2017年4月21日，湖南长沙昭山4×4旅游风景区人居环境与乡建研究课题项目实地考察

2017年6月13日青岛理工大学，4×4旅游风景区人居环境与乡建研究开题汇报现场

若从行为方式上来探究，设计只是一种单纯的艺术行为，而从宏观上来探究，设计不仅仅是一种行为，而是一个进行当中的、多方位涉及社会多个领域的过程。

国内国外建筑设计教育的差别：国内——注重记忆，是一种填鸭式教育，给学生去想象的空间较少。国外——注重沟通、交换，给学生空间，会教学生怎样去想。建筑本身不仅仅是构造物而已，它有着超越构造物载体的一个含义，就是“沟通”。设计工作本身设计师是个沟通者；建筑要与社会沟通，通过建筑影响人的生活和思维。

现在中国社会很开放，大家都容易接受任何状态，建筑设计的发展也就有更大的空间，所以说中国建筑在将来是多元化的，也具备全世界领先的因素。挑战社会主流价值去创新，更多重视建筑思维脉络的建立，特别是建筑设计师脱胎换骨的观念变革要紧跟社会形势发展。一种可以称之为优秀的教育，不能仅从是否对社会经济做出贡献来衡量，更重要的是他在社会的观念上能否起到一定的导向作用，教学和研究在高校教育工作中是不可分割的两个组成部分，他对学生的作用正是在于导向上，让学生不仅仅只是“闭门造车”刻板学习，而是将重点放在方法与过程当中。他们对于学生来说不是一种“工具”，而是一个“环境”。通过良好的教育环境的熏陶，对自我以及社会有更加深刻的认识，从而更好地成长为被社会和企业所需求的优秀人才。

3. 教学成果展示

竞赛只是一把尺子，参赛者是用尺子去衡量自己的专业能力。中国高等院校实践项目“一带一路”城市文化设计研究课题暨2017第十届中国建筑装饰卓越人才计划奖，竞赛从2017年6月启动征稿，共收到来自全国各地多个省市众多院校的学生参赛作品，仅仅历时短短三个多月。他们的设计水准得到了评委们的充分肯定。评委们遵循公平、公正的原则，经过严格的开题答辩、中期答辩、结题答辩，最后在匈牙利佩奇大学650周年校庆之际举行师生作品联展，在师生的共同努力下，评选出最终的获奖作品。课题组所有院校师生和企业协会代表均参加仪式，反响十分强烈。这次课题成果竞赛作品规模以及影响较大，范围较广，这样的结果是非常令人鼓舞的。我们更期待下次课题开始。

教学课题命题竞赛活动期间，由于工作上的原因，笔者有了与国内外间高等院校老师、行业协会人员、企业知名设计师较多接触的机会，更真切地感受到大师级的教师和设计师的从容风范和渊博学识。大师们通过对设计

2017年8月22日匈牙利佩奇四角教堂广场实地考察

吉林艺术学院学生吴建瑶同学做课题竞赛汇报

吉林艺术学院学生史少栋同学做课题竞赛汇报

经验的介绍与质朴却又富于哲理的话语，向我们展示了设计的真实力量。这里，借助大师们的思想学识对中国设计教育起了导向的作用 ，创造与创新的核心以及关键在于怎么去激励创新人才的成长，以及如何去激活创新行为的外在制度和文化环境氛围，而我们正是通过课题以及各种渠道和方式去构建激励创新的开放性机制，对教育乃至社会中的创新行为做导向和助推。一个宽容的人文氛围，对整个时代的创造力和创新是至关重要甚至是不可或缺的。

设计表现形式的多元化

Architecture——建筑、技术、艺术的多层面的构造物。

Design——意匠、计划、草图、图样、素描、结构、构想、样式。

社会的进步和人的全面发展就是创造与创新的丰厚回报。现今学生多以计算机为工具，计算机让建筑配置一天可以从5变成50，效率大增。但进入了计算机，比的不仅是表现能力，比的更是控制能力，教学曲线下，常隐藏着扁平的内在，形式配不到技能，无法创造新的空间经验。建议学生学会更多的尝试。对不同形式设计语言能够成熟把握，注重艺术本质——个性化和创新的研究，一副好的设计作品应该很少或者没有文字解说，更多的是通过图像语言直观地表达设计思想内涵。

建筑设计中，材料经过计算，是为了构造一个包围生命的空间，材料彼此结合对了就会启动生命，好的空间与时俱进，需要人的凝视、人的抚摸，喜欢空间有这样的本质。学生通过教学课题的全过程对设计有了很好的理解和掌握，认证了自己的学习成果和肯定其投入的设计学习状态也感染了我们每位教师。

实践能力的提升

学习不是专业的提高，而是观念的自我更新，从学生到老师，从老师到学生，艺术、教育、个性三位一体，用艺术和科学，开启设计思维的心灵之窗。要创新设计就要发现问题，发现问题是设计师的思维习惯，事事留心，善于发现设计中所存在的不足和缺陷，这并非一件容易的事，必须有明确的设计思想和设计目的，并以此为引去感知问题。学会从实践中发现问题，解决问题，创新知识。从文化学角度讲，创新是一种文化的“边缘状

匈牙利佩奇大学校长约瑟夫·博迪什为吉林艺术学院刘岩老师颁发展览证书

态”——既是多元化文化的整合状态，又是新文化的突出状态。因此，创造与创新的文化含义是双重矛盾——既是“存同”又是“求异”。

学生在设计过程中对技术、经济、管理、法规实施的忽略，在课题指导中问题明显，这需要师生共同努力，以及学生在今后的实践学习中不断补充。现代室内设计的复杂性日益提高，这种提高不在于设计本身，而在于随着时代的发展和变迁，设计材料、施工工艺、工具设备等技术性要素的科技含量越来越高，不再是传统的、单一的，更多的向复合型趋势发展。这就要求设计师除了最基本的建筑艺术修养以外，还应对现代建筑装饰的技术与工艺有深度的学习。与此同时，还需要在建筑及室内设计中对有关法规进行知识储备。毕竟熟悉规则是现代设计中十分重要的环节。唯有对工艺和法规兼修于一身的设计师，才能适应越来越多元同时越来越规范化的设计行业。

通过对课题的全程参与了解，让国内的建筑设计师意识到了自己同现当代国际水平所存在的差异和不足，同时明确了今后需要努力的方向。国内的建筑设计已经逐渐走向世界，同国际进行对话与接轨，这就要求我们当下还需为此多方面地强化自身的设计水平和素养，直视不足与差异，寻求进步与发展。

1. 打破语言屏障，建立沟通平台

语言是沟通的钥匙，国内的设计要走出国门，面向世界，绕不开的一个屏障就是语言问题，唯有建立一个互通的语言环境，才能迈开走向国际的第一步，打破这个屏障意味着可以接触到国外最新的建筑设计资讯，与国际上的优秀设计师进行一对一的直接交流。培养精通外语和国际商务的复合型人才成为如今建筑装饰行业的一种趋势。我们应该直视现在的语言环境需求，不应让学好外语成为一种偏见，这是一个优秀设计师对于自己更高的一种要求和追求。唯有让融入国际化语言环境成为共识，通过教育的助推，并以此建立起良好的沟通平台，打破语言的屏障，国内的设计才能真正打破通向国际的壁垒。

2. 熟悉国际惯例，接轨国际市场

自从中国加入“WTO”以来，“全球化”这一话题就从未停止过讨论，这是一场规避不了也不应该回避的潮流。作为建筑装饰行业来说，这是一种挑战、一次机遇，更是一场变革。在这一场大变革中，我们要同国际接轨，引进国际标准，努力提高自身质量水平，在制图标准、建筑法律法规、装修材料、施工工艺等方面争取达到国际水平，直至成为国际市场中的佼佼者，占有一席之地。如果我们固守陈规，不去主动求变、自我提升，那么在日新月异、竞争激烈的国际市场中我们将逐渐失去话语权直至失去竞争力，而最终的结局只能是被淘汰出局。

值得庆幸的是，行业中的许多设计师已经从过去的自我满足、画地为牢的传统思想中逐渐解脱，认识到自身的不足以及与国际一流乃至顶尖水平之间的差距，并为之逐渐提升自我，在与国际接轨中寻求突破，最终超越自我，创作出优秀的设计作品。

发展与探索

中国设计教育事业的风雨历程。自现代设计在中国兴起以来，一代又一代的改革者站在前人的肩膀上，探寻着创造未来的“能源”与动机，推动时代的进步。我添为其列，所有与会的院校老师、设计师以及工作人员，都在不遗余力地奋斗着，深感责任制重大。

设计，不仅仅是特指物质世界中的一面，更多是指建立在这基础之上所延伸的精神世界的反映。设计所体现的是一个时代的价值观，是对历史的继承与发展，更是这个时代的文化本质。它不是一成不变的，而是随着时间与空间的更迭变化，衍生出更为合理的意识和物质形态，它是一种动态的变化过程，它是具有创造性的。设计要求我们一代代的设计师去解读各自时代的文化诉求，走一条创新的道路。在这其中，设计高等教育事业起到至关重要的作用。王铁教授结合中西设计文化的特征，研讨当代设计之长短，从事着一项充满挑战的工程，其工作精神和态度值得我们学习，其研究课题对中国设计教育事业有着一定的意义，视为楷模，借此，呼吁更多的“同道者”加入到这一行列中来。

4×4实践管控机制研究

Research on the Control Mechanism of 4×4 Experiment

青岛理工大学艺术学院环境设计系、艺术与设计研究所长 贺德坤
Director of the Qingdao University of Technology Art School Department of Environmental Design, Institute of Art and Design
He Dekun

摘要：4×4“四校四导师”实验与实践教学坚持教授治学的课题宗旨，创造校际、校企、国际合作教学为主的多维教学模式，探索责任导师、名企名导、青年教师组合指导教学的三位一体化导师团队，鼓励参加课题院校学生共同选题，紧密与社会实践相结合，以实际工程项目为课题背景，旨在环境设计和风景园林设计领域，培养知识型、研究型和实践型的复合高质人才。这种复杂多维的教学形式，通过九年的探索和实践，教学团队获得了丰硕的研究成果，积累了丰富的实践教学管理经验。但是随着国家教育改革创新的不断发展、国际化联合教学趋势更加明显，以及教学团队梯队化重建的严峻现状，4×4实验与实践教学管理问题更加突出，有必要加强4×4实验与实践教学过程控制，规范实践教学管理，创新4×4实验与实践教学组织管理模式，实现4×4“四校四导师”实验与实践教学的可持续发展。

关键词：4×4“四校四导师”实践教学管理；问题；措施；过程控制系统；创新

Abstract: 4×4 (Four Schools Four Mentors) Experimental and practical teaching insisted on the purpose of teaching and learning. To create schools, school-enterpris, international joint teaching based multi-dimensional teaching model, to explore the trinity of responsibility mentors, famous enterprises and the mentors and young teachers group guidance teaching tutor team, encourage students who join the subject to choose the topic together, get closed with social practice, in practical project for the subject background, meaning in field with environment design and landscape architectural design to culture the people who compound high quality with knowledge type, research type and practice type. The complex multidimensional teaching model, through nine years of exploration and practice, Teaching team to obtain of fruitful research results, accumulated a wealth of practical teaching management experience. With the country of education reform and innovation develop, grim situation with trend of the international joint teaching be more obvious and teaching team reconstruction with echelon gasification, the more prominent with problem of 4×4 experimental and practical teaching management, it is necessary to carry out the process control with 4×4 experimental and practical teaching management, standardize practice teaching management, Innovation 4×4 experimental and practical teaching management organizational model, realize the sustationable development 4×4 (Four Schools Four Mentors) experiment and practice teaching.

Keywords: 4×4 (Four Schools Four Mentors) Experimental and Practical Teaching Management, Problem, Measures, Process Control System, Innovation

前言

2017第九届创基金4×4“四校四导师”旅游风景区人居环境与乡建研究课题于匈牙利佩奇大学圆满结题。课题组圆满完成了课题终期答辩，师生团队于匈牙利佩奇大学学术报告厅举行了隆重的颁奖典礼，同时还参加了匈牙利佩奇大学650年校庆师生作品展、2017创基金4×4“四校四导师”旅游风景区人居环境与乡建研究课题成果展等。课题组长王铁教授指出：“本次活动可以称是中国艺术高校师生踏上欧洲大陆与名校进行学术交流的一次壮观之旅，并举办由中国16所院校联合佩奇大学共计40名师生的作品展，佩奇大学校长出席颁奖典礼及展览开幕式，

并为课题导师们颁发荣誉证书，活动将会在今后中国高校实践教学的历史上留下可鉴的案例，可以说是最震撼的一次连接。”

本次课题经过四个环节：

第一阶段，4月20~23日 选题环节，师生团队赴长沙调研选题，由湖南省建筑设计研究院承办，选题为湖南省特色小镇韶山文化小镇片区设计项目，由湖南省院景观所提供课题设计任务书和基础调研资料，设计院总建筑师、院长王小保作了详细的项目报告，有针对性地进行了现场答疑并带领师生团队赴项目现场实地考察调研。教学要求每位学生在开课题前完成综合梳理，向责任导师汇报调研报告，获得通过后才能参加每一阶段课题汇报。

第二阶段，6月12~14日开题环节，由青岛理工大学艺术学院承办。

第三阶段，7月16~18日在武汉工业大学举办中期答辩环节。

第四阶段，8月10日~9月10日为终期答辩、颁奖典礼和实验教学成果展。由中国16所院校联合佩奇大学共计40名师生举办作品展，佩奇大学校长出席颁奖典礼及展览开幕式，并为课题师生们颁发荣誉证书，课题组完成第九届创基金4×4共同课题的终期答辩，师生团队于匈牙利佩奇大学学术报告厅举行了隆重的颁奖典礼，同时参加匈牙利佩奇大学650年校庆师生作品展、2017创基金4×4（四校四导师）旅游风景区人居环境与乡建研究课题成果展等。

课题组长王铁教授在美术研究采访录中回忆到：“过程中也有一些问题，比如学校多不好管，教师背景不同，成长经历和环境也不相同，大家又都是朋友，课题的发展过程中每年都有新的高校加入，除了相互帮助，自觉遵守教学大纲才是完成课题的高质量保证”。取得的成果是骄傲的，但是居安思危，由于课题为公益性教学活动，课题成员大部分为自发性参与，成员大多数首次在国际环境中参加实践教学活动，过程管理控制方面难度增加。为实践教学提供完善的组织和纪律保障，需要进一步完善和加强过程管控机制。作者有幸连续参加4届4×4“四校四导师”实践教学活动，从事课题教学秘书工作，经过多次的教学过程管理服务的实践积累，掌握了一定的基础资料和服务经验，尤其是参与这次国际性的教学管理，更加认识到实践教学管理过程的复杂，通过为各参与院校师生代表们的对接服务，积累了一定的实践教学管理经验。通过近几年的教学秘书工作掌握的基础条件研究和对教学实践过程管控机制方面的思考和总结，提出构建科学系统的管理机制和自治自律的自控意识是当下4×4实践教学不断发展壮大的操作管控枢纽和持续动力源。

一、4×4实验与实践教学管理存在的几点问题

根据这几年的实践教学过管理程统计，主要存在以下几个方面问题：

1. 教学管理对象为自发性群体，组织分散，缺乏有效反馈机制

课题组已拟定清晰明确的课题教案和课题流程，但通过每次的信息反馈效率，存在“短路”现象，责任导师没有完全对课题教案和流程吃透，无法对学生进行深入讲解，导致重要过程环节的“短路”现象。举例来说，在编写教案和流程过程中需要及时统计各院校导师及学生相关信息，这个比较简单的统计反馈工作，开展起来就比较复杂，多种原因导致各院校反馈信息不及时、不准确、不全面、不规范等问题常出。责任导师、计划内学生和自费师生作为主要教学管理对象，各院校为责任自组织单位，大部分课题日常教学活动在各自院校内完成，这种多维化管理相对分散，同时各院校又缺乏专职负责收发和反馈课题组信息人员，导致信息反馈不及时、教学反馈不对位，这种普遍存在的问题直接影响教学活动的高效运作和教学对象（学生）的教学管控。

2. 教学管理过程以公益教学活动为主，协作松散，缺乏过程管控机制

参加实践教学的学术共同体主要以公益教学活动为主，责任导师、实践导师和学生组成教学共同体，在教学过程中出现一定的协作松散和纪律自觉意识淡薄的现象。主要表现在实际教学过程中，有些责任导师由于所在学校或个人某些原因在某一教学环节中缺席；有些实践导师由于自身业务以及其他原因仅在开头结尾环节露面，无法跟踪课题教学全过程，难以对实践教学产生有效的技术性指导；作为教学对象的学生群体，也存在有些学生因故缺席和中途退出现场。在今年教学过程中，终期答辩选择在匈牙利佩奇大学进行，由于缺乏办理出国签证经验和预期准备，出现了部分院校个别导师不能有效组织本校学生办理在职和在校证明等问题，在重要结题环节，集体退出课题。出现类似现象的主要原因是公益性、自发性的课题性质决定的，因为公益自发的课题性质对松散的管理群体缺乏有效的约束管控力度。次要原因是课题教学管控还存在一定漏洞，需要更加缜密的教学要求和系统的过程管控机制。

3. 学术共同体专业背景差异大，缺乏规范的教学质量监控体系

导师们专业背景不同，大部分为设计学和艺术学相关专业，面对环境设计与风景园林设计两大专业群的工学层面，缺少广义建筑共识性基准。虽然拟定出严谨规范的实践教学课题要求，课题教学质量在相对乐观的同时也存在一些问题，主要表现在受教群体专业基础差异大，缺乏基本统一的评价标准，尤其是涉及建筑设计相关的基础知识，学生所表现出来的迷茫状态折射出各艺术类院系环境设计专业方面在工学层面的短板，只注重于虚无的意向而缺乏切实的学理化手段。导师专业背景的差异，在实践教学中具有一定的优势，比如：专业交叉性强，多视角切入，知识面广，便于学生广涉猎，属于粗放型教学阶段；但同时也存在一定的缺点，比如：专业精度性弱，缺乏深度，难以形成集约型、精准型教学。规范实践教学标准，严控教学质量，能更好地推动4×4实践教学向集约、精准层面发展，从而保证其可持续发展。

二、规范4×4实验与实践教学过程管控

1. 通过PDCA循环方法和要求来科学计划调控

过程控制是IS09000（际标准化组织）标准质量管理体系的基本原则之一，内涵是通过PDCA循环（又称戴明环，P—计划、D—实施、C—检查、A—改进）方法和要求来规范活动过程，获得预期效果的改进。过程控制的程序：设计目标和计划——按计划实施操作——过程检查与评价——改进、提高。

科学计划是制订并采取有效的运作准则和工作方法。包括课题教案要求、教学流程、教学任务书、教学经费预算、教学评价标准、教学成果展示和教学总结等，4×4实验与实践教学经过九年的发展已具备成熟的教学管理经验和方法，课题组长王铁教授在每次课题开展之初就已提前制定好相关教案、大纲、流程等教学管理文件，同时鼓励各地方院校先行命题、选题，成立选题库的尝试。举例来说，针对过程中一些地方院校命题不积极、不规范等现象，教学课题可遵循以上科学计划的调控方法，采取提前半年命题选题研究和院校竞争筛选机制，增加优势院校比例，稀释"近亲"现象，调控教学向广度、精度和深度发展。

4×4 实验教学课题流程管理计划

<table>
<tr><th rowspan="2">选题计划</th><th rowspan="2">日期</th><th colspan="2">授课内容</th></tr>
<tr><th>计划安排</th><th>相关信息</th></tr>
<tr><td rowspan="2">选题调研</td><td rowspan="2">2017 年 04 月
20 日（周四）
21 日（周五）
22 日（周六）
23 日（周日）
现场调研
调研承办：
湖南省建筑设计研究院景观设计所、中南大学。课题研究资料湖南院提供</td><td>课题调研承办：湖南省院、中南大学
地点：长沙
04 月 20 日长沙（入住酒店出发前一周通知）全天报到。
当晚 20 点开导师工作会。
04 月 21 日早 8:30 在入住酒店大厅集合前往调研基地，专家现场讲授。
详细内容见教学通知。
注：办理酒店退房</td><td rowspan="2">提示：
1. 导师按课题要求指导学生完成课题调研及各项工作，阅读理解课题大纲，为学生创造良好的调研与实践条件。
2. 督促学生完成调研与论文写作、设计作品，确保研究课题质量。
3. 导师要认真准备在匈牙利佩奇大学的作品展，范围包括建筑设计、景观设计、室内设计</td></tr>
<tr><td>04 月 22 日，志愿者引导课题组入住指定酒店，相关内容详见当天通知。
当晚 20 点开导师工作会。
04 月 23 日早 8:30 早餐后办理酒店退房，导师带领学生返校。
注：佩奇大学 3 名学生 04 月 20 日到中国湖南报道，相关信息详见通知</td></tr>
<tr><td rowspan="2">课题开题</td><td rowspan="2">2017 年 06 月
12 日（周一）
13 日（周二）
14 日（周三）
开题答辩计划三天。
青岛理工大学</td><td>课题开题答辩承办：青岛理工大学
地点：青岛
06 月 12 日青岛（入住酒店出发前一周通知）全天报到。
晚 20 点展开导师工作会。
06 月 13 日早 8:30 在入住酒店大厅集合前往答辩会场。
9:00 开题汇报，学生 15 分钟汇报，5 分钟教授指导。
12:00~13:00 午餐
13:10 分开始，19:00 开题汇报结束。
06 月 14 日早 8:30 在入住酒店大厅集合导师带领学生返校。
注：办理酒店退房时按要求开具入住酒店发票</td><td rowspan="2">教师团队教学，合理整合教学资源，积极为学生搭建良好的研究与实践平台，课题院校责任导师需要在开题答辩前进行不少于三次辅导</td></tr>
<tr><td>提示：
1. 阐述调研成果，提出论文研究计划，整理文献综述。
2. 演示 PPT 文件制作（标头统一按课题组规定）。
3. 日常内审均由各校责任导师负责、确保无误，确保课题研究质量</td></tr>
</table>

续表

选题计划	日期	授课内容	
		计划安排	相关信息
中期答辩	2017年07月 16日（周日） 17日（周一） 18日（周二） 湖北工业大学	课题开题答辩承办：湖北工业大学 地点：武汉 （流程提前两周发给参加课题单位） 7月16日全天报到 7月17日8:30~12:00中期汇报 12:00~13:00午餐 13:00~19:00点中期汇报结束 7月18日上午早餐后在入住酒店大厅集合导师带领学生返校。 注：办理酒店退房时按要求开具入住酒店发票	严格把控论文框架逻辑，导师要规范指导设计，规范化。突出设计在场地的适宜性、可建设性。 佩奇大学3名学生06月18日返回匈牙利，相关信息详见通知
		提示： 1. 检查中期研究进展，把握整体成果。 2. 分析研究存在的问题及合理化解决对策。 3. 提出深化研究的具体要求，完善逻辑框架。 4. 丰富研究与设计构思概念与表达。 5. 修改演示汇报PPT文件制作（标头统一按课题组规定），常态内审均由各校责任导师负责、确保无误为终期答辩建立高质量的成果打下基础	
终期答辩 颁奖典礼 成果展览	2017年08月 20日（周日）匈牙利结题答辩、颁奖典礼、参加650年校庆、学生优秀作品、导师作品展。 2017年09月 05日（周二） 返回中国	课题承办：匈牙利佩奇大学 08月20日（周日）课题组全体师生集体出发前往匈牙利佩奇市。 08月21日（周一）详见课题组计划。 1. 准备师生作品展布展。 2. 准备课题终期答辩，颁奖典礼。 3. 参加佩奇大学650年校庆活动。 4. 期间组织调研国家城市与历史建筑。 5. 09月05日（周二）返回中国	注：出发日期以签证时间为准。由于今年在境外结题，伴随相关活动的准备工作，需要有2~3名年轻教师加入课题志愿者与王铁8月10日出发，做准备工作。 指导教师要严格遵守教学大纲要求，认真负责，确保课题研究的高质量。 责任教授限定20人（佩奇大学3名） 学生限定20人 课题师生总计40人
		提示： 1. 导师最终指导学生论文，设计成果，评价学术逻辑能力。 2. 学生最终完成答辩演示PPT文件制作（标头统一按课题组规定）。 3. 按计划完成学术交流计划，认真参加佩奇大学的校庆相关活动。 4. 课题组与各校责任导师要对学生安全负责、确保无误，确保研究课题质量	

教学流程来自王铁教授编写的《2017创基金·4×4实验教学课题流程》

2. 加强模块化运行管理，实现目标管理与过程管理并重

明细教学模块内容，制订实践环节质量标准。课题组为教师和学生制定了清晰的实践模块，包括模块的阶段环节、时间节点、课题名称、课题内容、技术要求和相关知识等方面，同时为每个模块设立具体的评价标准，从而让学生明确所应完成的任务和努力方向。在实践教学管理过程中，始终遵循“目标管理与过程管理并重”的原则，通过过程管理实现“实践教学管理既服务于实践教学又指挥实践教学”的功能。面对教案要求需要狠抓落实这个关键环节，同时也需要各院校师生自主落实、自觉执行，才能事半功倍达到预期效果。

4×4实验教学课题教学要求（四大模块）

四个阶段	教学内容
第一阶段：实地调研、选题 时间：4月20~23日 地点：湖南长沙 承办：湖南省建筑设计研究院	出发前学生在导师的指导下阅读课题的相关资料，进行解读分段、制作图表、数据采集、文字框架定位。按课题要求导师带领学生到指定地点集合，进行集体实地堪踏。确认用地范围，了解当地的气候环境、人文历史，围绕课题任务书进行探讨，指导学生课题研究，从理论支撑及其解决问题的方法入手，指导学生分析构建研究框架，本着服务学生的理念，培养学术研究能力和对问题的解决能力
第二阶段：开题汇报 时间：6月12~14日 地点：山东青岛 承办：青岛理工大学艺术学院	指导学生进行项目前期的各项准备，培养学生数据统计能力，认识地理数据收集的重要性，学会其整理能力，做到表格与图片的准确性，整理场地的客观环境和准确分析的数据链接，从可持续发展的方向考虑问题，建立生态安全空间识别系统，有条理地进行对项目范围内的水文、绿地、土壤、植被、地震、生态敏感度等客观环境的分析，文图并茂地提出成果。 开题答辩用PPT制作，内容包括对文献、数据资料的整理，结合实际调研资料编写出《开题报告》，字数不得少于5千字（含图表），为进一步深入研究打下可靠基础，开题答辩在责任导师的认可后，参加开题答辩

续表

四个阶段	教学内容
第三阶段：中期汇报 时间：7 月 16~18 日 地点：湖北武汉 承办：武汉工业大学	依据前期答辩的基础，明确研究设计的主题思想，做到论文框架和设计构思过程草图相对应，指导教师在这一阶段里，要指导学生完成可研究性论证和设计方案工作，要针对学生的项目完成能力给予多方面的指导，培养学生学术理论的应用设计能力，指导学生对于景观建筑设计实施过程中，如何建立法律和法规的应用，培养学生论文写作能力和方案设计能力的基本方法。 中期答辩用 PPT 制作，内容包括对开题答辩主要内容的有序深化、数据资料与论文章节的进一步深化，结合相关资料丰富论文内容和设计内容，各章节内容及字数不得少于 3 千字（含图表），为中期研究与设计方案建立对接，中期答辩在责任导师的认可后，参加开题答辩
第四阶段： 终期答辩、颁奖典礼、成果展 时间：8 月 10~9 月 10 日 地点：匈牙利佩奇 承办：佩奇大学	培养学生的理论与设计相结合的分析能力，强调建构意识，强调功能布局，强调深入的方案能力。提高文字写作能力，完成设计方案流程、区域划分，强调功能与特色，分析各功能空间之间的关系、形态及设计艺术审美品位，严格把控论文逻辑、方案设计表达、制图标准与立体空间表现对实施的指导意义，掌握论文写作与设计方案表达的多重关系，有效优质地达到课题质量。 终期答辩用 PPT 制作（20 分钟演示文件），完成 2 万字论文、完整的设计概论方案。 在责任导师的认可后参加课题终期答辩

教学内容来自王铁教授编写的《2017 创基金 4 × 4 实验教学课题教案》

3. 注重教学管理团队建设，完善组织管理

各院校责任导师在课题教学中具有双重身份，首先是参加学术交流和指导学生课题设计的老师，其次也是组织协调院校活动和学生教学的管理者。责任导师在实践教学管理中承担着重要职责，负责协调和反馈的管理工作。目前各院校责任导师中50岁以上的教授占导师团队中绝大部分，导师们学术造诣深、权威性高、教学经验丰富，为实践教学打下夯实基础，同时由于多方面事务影响，对课题教学的跟踪服务精力不足，显得有点力不从心。因此，鼓励参加课题院校在有条件的情况下应配备课题跟踪服务助理，协助参加课题师生办理教学以外相关事务，负责传达和反馈课题组相关信息。同时鼓励增加青年导师比例，加强教学梯队建设，完善组织管理，增强4 × 4实践教学的持续性和传承性。

2017 年参加 4 × 4 实践教学课题各院校责任导师年龄统计表格

各院校责任导师	出生年份	年龄
中央美术学院参加责任导师	1959 年	58 周岁
清华大学美术学院参加责任导师	1961 年	56 周岁
天津美术学院环境艺术与建筑设计学院参加责任导师	1958 年	59 周岁
四川美术学院参加责任导师	1965 年	52 周岁
西安美术学院建筑环境艺术系参加责任导师	1967 年	50 周岁
广西艺术学院参加责任导师	1959 年	58 周岁
吉林艺术学院参加责任导师	1973 年	44 周岁
苏州大学金螳螂建筑学院参加责任导师	1983 年	34 周岁
青岛理工大学艺术学院参加责任导师	1983 年	34 周岁
山东师范大学美术学院参加责任导师	1956 年	61 周岁
山东建筑大学艺术学院参加责任导师	1960 年	57 周岁
湖北工业大学艺术设计学院参加责任导师	1967 年	50 周岁
曲阜师范大学美术学院参加责任导师	1972 年	45 周岁
中南大学建筑与艺术学院参加责任导师	1962 年	55 周岁
匈牙利佩奇大学建筑与信息学院参加责任导师	1975 年	42 周岁
注：2017 年参加责任导师梯队断层明显：50 周岁以上 10 名，40 周岁以上 3 名，30 周岁以上 2 名		

结尾：自治与自律

课题导师群体为各院校责任导师和社会著名企业实践导师组成的教学共同体，其性质为专职老师和专职设计师组成的兼职联合体，属于学术共同体范畴。而“学术共同体是一个自由人的松散联合体。在这里，只有思想上的认同和学界同仁的默许，每个人都是自由人，在法律和伦理的限度内，其成员的思想和行为可以不受其他约束，不仅进出完全自由，而且行动也充分独立，做什么，如何做，皆由自己选择，并为自己的选择负责。这里没有长官意志，没有行政命令，没有组织纪律，但有自己的传统、自己的规范、自己的秩序，一切以无声的约束和自觉的遵从来实施和维持。”4×4“四校四导师”实践教学过程管控机制的构建目的是为实践教学的良性运作提供更好、更系统的管控服务，但是无法也不能从根本上实现严控管理，由于公益自发的组织性质，还需要从本源上清晰课题教学共同体的价值自觉，需要主观意识到课题的自治和自律的特质：

1. 形成自由认同的课题教学传统；
2. 实施自我可控的课题教学规范；
3. 建立自发执行的课题学术秩序；
4. 明确课题理论责任与价值自觉；
5. 坚持自治自律的课题自控机制。

4×4（四校四导师）实践教学课题导师们组成的学术共同体已自发形成4×4的优良教学传统和学术规范，这种自由认同的传统和自发的秩序维系，除基本规则以外，全靠课题成员的自治和自律，不仅需要每一个学人的遵从，还需要一致行动，如果缺乏一种自我管控的统一行动，就难以生产出优良的学术成果。因此构建自治自律的4×4“四校四导师”实践教学过程管控机制需要每一位学人的共同努力。

参考文献

[1]胡悦琴．开展过程控制研究 规范实践教学管理[J]．科技资讯，2010，35(138):173.
[2]张曙光．学术共同体的自治和自律[J]．学术界，2011，6(157):35.

创新设计能力

The Ability of Cultivation of Innovative Design

曲阜师范大学美术学院 硕士生导师 梁冰副教授
Qufu Normal university, Academy of Fine Arts
Associate professor Liang Bing

摘要：通过2017年4×4中外高等院校环境设计实验教学课题对当前的环境设计研究生教育中存在的问题进行思考，认为提高环境设计研究生的创新设计能力需要从多方面同步进行，培养独立的学术意识，加强理性的设计思维方法训练，重视研究方法，加强实践锻炼，提高解决问题的能力，加强相关人文学科知识的涉猎，开阔思维等。

关键词：环境设计；研究生；创新设计能力；培养

Abstract: Based on analysis of problems existing in education of postgraduates majoring in environmental design by the 4×4 (four schools and four instructors) experimental teaching project of environmental design in Chinese and foreign institutions of higher learning in 2017, it is considered that the innovative design ability of relevant postgraduates needs to be improved from various aspects simultaneously. And then some suggestions are put forward, such as cultivating independent academic awareness, strengthening training on rational design thinking, enhancing the practice, improving the ability of problem solving, enriching the humanistic knowledge to expand mind, etc.

Keywords: Environmental Design, Postgraduate, Innovative Design Ability, Training

背景

从春雨蒙蒙到秋风乍起，历时五个月的四校四导师中外高等院校环境设计实验教学课题，于2017年8月底在匈牙利佩奇大学落下帷幕。本次教学实验课题以“旅游风景区人居环境与乡建研究”为题，基于湖南省建筑设计院的湖南省昭山市文化旅游小镇的开发项目，以设计院提供的翔实的数据与前期成果为依据展开。将当前的如火如荼的乡村建设作为重要的教育资源引入设计教学中，拓展了实践教学内容，是对不擅长实践教学的学校教育的有效补充。五个月的教学过程，著名设计院校与设计院所、设计公司强强联合，优秀的一线设计师讲解方案，指导实践，中外十六所高校导师共同指导，变单一导师指导为多位导师指导的教学模式，师生之间关系由单向输出变为多向互动，使学生得到更多建设性的多角度的研究引导。国际著名设计院校参与课题，加强中外设计高校之间的学术联系，开阔视野，促进了国际、校际的设计交流。

与往年四校四导师实验教学课题不同的是，本次的教学对象是硕士研究生，在课题研究的深度和广度上较往年提出更高的要求，课题要求学生按期完成整套设计方案和2.5万字的设计研究论文，体现实践和理论并重的教学原则。课题进展过程中，国内各高校同学们认真的学习态度、迅速的反应能力、扎实的表现功底、艺术背景出身所特有的激情得到尽情发挥。与国内学生有所不同，佩奇大学的同学们表现更谨慎扎实，解决问题更加单纯直接，方案设计风格简洁明快。最终设计成果精彩纷呈，让人印象深刻。我校首次参加四校四导师活动，与中外各著名高校的师生交流学习，从调研到终期答辩，密集的信息交流和互动、思想的碰撞与交融、问题的发现与纠正，在每个环节都受益良多。笔者就在本次实验教学过程中的体会和认识，结合社会对环境设计研究生的需求，反观环境设计教学中存在的问题，认为加强环境设计研究生创新设计能力的培养是当前我国环境设计教学面临的重要问题，需要从如下几个方面进行认真思考。

一、独立学术意识的培养

现代设计教育特别重视培养学生的创新意识，然而作为选拔人才的应试教育，恰恰不具备这方面的功能，基础教育阶段的学生习惯于从老师和书本上寻找标准答案进行记忆与背诵，等待老师给出正确方向和标准答案，不质疑，不提问，本科教育阶段的大部分同学继续运用这种学习方式，一直延续到研究生学习阶段，难以自主学习并通过独立思考形成自己的观点，缺乏独立的学术意识，养成了行为上勤奋、思想上懒惰的被动学习模式，这是倡导创新的设计教育的巨大障碍。

培养创新设计意识首先要培养学生的独立学术意识。研究生学习有别于本科的知识的学习方式，其差别在于本科生教育注重专业基础知识的认知和学习，而硕士研究的教育注重专业研究能力培养，更具有自主性、创新性。在教学模式上与本科阶段有较大区别，这就需要改变导师单向灌输知识的方式，以引导为主，鼓励学生提出问题，自己寻找答案，随着学习的深入，逐步淡化导师指导力度，提高学生的独立学习和独立思考能力，逐步培养学生的独立研究能力。欧美大学的研究生培养过程中多开展研讨课的做法值得我们借鉴，组织多种形式的研讨，如专题研讨、阅读研讨等，采用导师主持，学生主讲的形式，交流和分享信息和研究成果，在研讨过程中，针对学生提出的问题，导师少给予肯定或否定，多提问少回答，鼓励学生参与互动和讨论，引导学生寻找多种途径解决问题，及时纠正和引导正确的论题走向。伴随着研究的深入，独立研究能力增强，学生逐步树立自身研究特色，强化自身优势和特点，面对质疑，随时保持清醒的自我意识，敢于对自己的观点和方案进行必要的坚持，逐步建立专业自信心，强化独立的学术意识。

二、设计思维方法训练

环境设计的研究生大多受过系统的美术基础训练，具有较强的感性认识和形象思维能力，符合设计初始阶段的不确定性和非理性的特点，这种独特的思维和交流方式在设计的构思和设计表现阶段是非常可贵的，但是环境设计方案最终是要指向实施，这又需要学生具备理性认识和较强的逻辑思维能力，对设计对象进行思考、推理，得出最佳的设计方案并保证具有可操作性。环境设计本科阶段的课程设置多以限定性的建筑和室内设计为主，功能明确、目标清晰，易于操作。当置身于一种大的、具有较多不确定性因素的景观环境中，学生难以把握由于地形、植被、文化等因素影响下的空间的不确定性，过于关注视觉美感而缺乏对功能、生态、人文等因素的考虑，不加分析研究地套用设计理念，用酷炫的分析图和效果图弥补设计的不足，缺乏系统的设计思维方法训练和相关

米兰理工大学师生的讨论方案场景

知识储备不足导致这种尴尬的局面出现。

针对以上情况，首先要培养学生对空间的认知能力，对场地进行认真调研，通过现场测量、绘制图纸，将三维空间感受转换为二维平面。鼓励学生用草图记录设计进程，根据基地现状以及任务书，依托人体工程学和环境行为学等学科知识进行场地分析和功能定位。其次要培养空间尺度感，在设计推进过程中，反复对场地和图纸进行对比考量，将社会调研与场地认知结合起来，强调从设计师和使用者两个角度看待问题，体会空间，深化设计。鼓励学生绘制草图、建立模型对空间进行研究，对特定场地的制约条件充分考量，提出空间使用的多种可能性，通过一系列对场地的认知和空间感的训练，培养学生对环境设计的理性认识和逻辑思维能力。

三、重视研究方法

随着经济的快速发展，环境设计也面临着越来越复杂的社会问题：环境恶化、能源危机、老龄化等等，所涉及的学科越来越多，过去与设计较少关联的社会学、心理学、经济学、地理学、旅游学等学科的关系越来越密切，边界变得模糊，只有拓宽知识面才能跟上迅速拓宽的设计领域的需求。环境设计中的很多问题难以用设计解决，需要用研究的方法对诸多问题进行分析研究，通过项目定位、实地调研、个案分析、总结归纳等一系列研究过程推导设计，用科学理性的方法推动设计的生成，综合运用多种研究方法，成为研究型设计。实地调研法对于收集环境设计的第一手资料是必不可少的，脱离实际情况的环境设计是无源之水、无本之木，环境的数据测量、社会调查等信息，是环境设计最基本的依据。对第一手资料的分析和研究，将资料进行分类整理，形成资料库，是设计顺利进展的基本保证。面对庞杂的文献资料，如何甄别有用信息，使之成为设计的依据，需要运用文献研究法，在设计推进过程中熟练运用多种研究方法，使设计具有可追溯性。

目前很多研究生课程与本科生的课程拉不开距离，重复制图和绘图等技能训练，教学缺乏实质性变化和研究深度，研究生成为熟练的制图技术工人。重视研究方法，强调调查研究、资料分析、方案推导与深化、结论归纳的过程，注重运用研究方法解决设计实践中的问题。提倡研究型设计，加强设计研究的深度和广度，是培养环境设计研究生创新设计能力的重要途径。

佛罗伦萨大学建筑史课教学现场

四、解决问题能力的培养

眼高手低是听到的最多的社会对于环境设计研究生的评价，绘图能力强但设计能力弱，图纸跟场地不符，面对实际情况无所适从，纸上的创新不代表设计能力强，落地实施的创新设计才是真正的设计。近年来研究生的迅速扩招，导致一些学校师生比失调，导师超额带研究生现象普遍，这种一对多的教学方式，使导师工作量加大，受课程和学时等各方面因素限制，难以兼顾教学与实践。很多学校的实验室建设滞后，缺乏专业的实践人员指导，不能满足实践教学要求，挖掘优质社会教育资源，邀请设计院所介入设计教学，加强校企合作，建立实践基地，可以弥补学校教育中较为薄弱的实践教学环节，实现学校理论知识和企业实践经验优势互补，避免研究生闭门造车的尴尬，让学生在实际的项目当中得到更多的锻炼，提高学生解决问题的能力，也是提高创新设计能力的有效途径。

校企合作的成功范例有很多，导师带队参与社会热点设计研究项目，取得良好的教学效果和社会效应。虽然校企合作课题的最终不一定指向实施，但是前期的调研和方案推导都是以项目需求为限定展开，使得设计更具有现实依据和开发可能。在实践锻炼中，学生可以从多角度、多维度地对项目进行思考，对场地有更深切的理解，发现图纸上无法呈现的问题，结合理论知识，寻求最佳的解决方案，设计没有唯一标准，只有最优解。

五、加强人文素养培育

重视技能训练轻视人文素养培育是环境设计教学中一直存在的问题，进入研究生阶段，人文素养薄弱的缺点随着研究课题的深入日渐显现，知识结构单一、视野狭窄、缺乏想象力和创造性、论文写作能力差等现象普遍存在。加强环境设计研究生人文素养的培育是提高设计创新能力的基础。文化是滋养和激发设计生长的沃土，纵观传世的优秀的设计作品一定具有深厚的文化内涵，优秀的建筑师、设计师通常也是饱学之士，不仅在设计领域大展身手，通常在理论研究领域也有丰硕成果，如柯布西埃、路易斯康、库哈斯等。环境设计研究生应广泛涉猎与环境设计相关的建筑史、设计史、设计美学、艺术史、环境心理学等，根据不同的专业方向有所侧重地进行研读，中国传统文化也是环境设计取之不尽用之不竭的丰富源泉，其中蕴含的设计文化精髓，值得认真研究挖掘，

2017年创基金4×4“四校四导师”实验教学活动佩奇大学答辩现场

较全面的人文历史知识是环境设计研究生应该具备的素质。

就本次四校四导师实验教学课题项目而言，其基地位置优越，传统的街道和建筑尺度，以及明确的商业模式都限定了环境设计的走向，尊重现有条件，探寻地域文化和当代生活方式的结合点，挖掘传统文化的精髓，既不能完全顺应自然和传统，也不能罔顾现实自说自话，建筑形态的慎重创新、景观环境的切实改良是主旨。许多传统的建筑形式和文化形态已然成为历史，无论从其形式或内容更多的是一种展演，而非当今生活的必需。对于课题的把握首先是基于对地域文化、人文艺术的理解，例如书院、布坊、茶庄等传统功能空间，与今天的生活生产方式相去甚远。确定了设计主题后，不能局限于细节考究，受困于传统功能与形式，而忽略了课题的主旨和方向，设计的重点不是如何复原传统的建筑形式，而在于如何将一种独特的文化形式进行合理展示，使其成为精彩纷呈的地域文化的组成部分。同时充分运用新的工程技术手段、新材料、新工艺对旅游文化空间进行新的诠释，抽取典型因素传达特定文化含义，避免一味地重复传统元素如材料、肌理、构造方法等等，注重与现代空间特征、使用需求、生活方式相结合。

六、加强国际、校际交流合作

自包豪斯以来，西方的现代设计教育已经发展了一个世纪，具备较成熟的设计教育体系，值得我们学习借鉴。目前国内许多设计院校与国际知名设计院校采取多种形式的合作与交流，教师互访，师生访学、多校联合指导教学、参赛等方式，引入成熟的教学理念和思想，提升教师的教学理论和专业技术水平，提高研究生的设计创作能力和审美能力，提高了研究生的学术起点。通过与外国教师的交流，研究生了解本专业研究的进展状况，学习最新的理论和方法，具有国际视野。同时，国内各设计院校的校际交流也越来越频繁，通过联合竞赛、跨校指导、联合教学、共同课题合作等方式，打破校际之间的藩篱，发挥各校的学术优势，共享优质学术资源，扩展研究生学术视野，开阔学术思路，这些交流与合作提高了国内设计院校的设计教育质量。

王铁教授倡导的四校四导师实验教学活动更是跨越了国际、校际之间的界限，将学术交流推向了一个新的高度，创造了国内最大的环境设计教学交流平台。国内外十几所设计院校共同指导教学，丰富的教师背景、多样化的教师结构，激发了学生多维度思考，使课题探索具有更多可能性。同时，各高校研究生就同一课题共同调研和探讨，进行信息交流和学习方法的借鉴，互相之间的启发与促进是不可估量的。

结语

社会对环境设计研究生需求是具有一定专业理论知识和一定技能的复合型人才。但是就各方面反馈信息来看，社会对于研究生的认可和接纳程度并不是很好。相对于本科生而言，研究生并未表现出很强的优势，在专业的成长方面甚至落后于本科生。环境设计研究生知识结构单一、理论知识不够扎实、动手能力差、缺乏实践经验、缺乏人文素养等问题一直饱受诟病，集中表现在设计创新能力薄弱、适应能力差等方面。而导致这种情况出现的原因并非是一朝一夕所致，解决问题的方法也是一个系统工程，不可能一蹴而就，就研究生阶段的学习而言，首先要改变的是被动学习模式，鼓励自主学习，勇于实践，努力提高设计创新能力。这不仅是对研究生提出的要求，也是研究生导师的教学方向，对于负责培养人才的高校而言，培养研究生设计创新能力更是一个长期而艰巨的课题。从培养独立的学术意识、加强理性的设计思维方法训练，重视研究方法的学习，加强实践锻炼和相关人文学科知识的涉猎，开阔学术视野等多方面综合进行，努力探索提高环境设计研究生的创新设计能力的方法和途径，以满足社会持续增长的对高层次环境设计人才的需求。

路径教育与实践

Path Education and Practice

苏州大学 汤恒亮副教授

Soochow University

Associate Professor Tang Hengliang

摘要："4×4实验教学课题"历经九年的发展，逐渐形成了一套以"科技、艺术、审美"为研究者终极目标的实验教学模式。解决了学生缺乏设计方法论和过程性创新的问题，在继承我们国内优质教授团队以往的成功教学经验的基础之上，敢于不断地打破原有的教学模式，打破设计专业之间的壁垒，强调生成过程性创新的路径教育，并取得了一系列重要的教学成果。

关键词：路径教育；设计教育；创新与实践

Abstract: After nine years' development of "4×4 Workshop", a set of "science and technology, art, aesthetic" as the ultimate goal of the experimental teaching model has gradually formed. It has fixed the lack of methodology and process of innovation among students. On the basis of successful teaching experience from our domestic high-quality teaching team, we dare to break the original teaching model and the barriers between professional fields continuously. Series of important teaching results have been achieved during path education, emphasizing innovation in the generation process.

Keywords: Path Education, Design Education, Innovation and Practice

一、引言

新中国成立至今，室内设计专业（1987年被更名为环境艺术设计专业）经历了68年的发展历程。在这期间随着中国经济的发展，环境艺术设计这门应用型的学科也得到了长足的发展。在改革开放以后，对外交流的机会越来越多，越来越多的国外相关设计类专业的思潮逐渐被引入到国内，设计教育思潮一时间呈现了"百花齐放"的局面，同时也引发了大量的反思。在2015年的全国建筑学专业指导委员会建筑美术分会上，西安建筑科技大学的刘克成教授提到，中国的建筑教育在这样一个大背景之下，面对林林总总的建筑思潮，中国建筑教育在实现现代化的同时，由最初的营养不良到现在的消化不良，诸多体系并存为一体，诸多方法与一人，中国的建筑及其相关设计教育充斥着各种问题和矛盾。

在这样一个历史性的时刻，2009年，在中央美术学院王铁教授的倡导下，与清华大学的张月教授、天津美术学院的彭军教授在共同的教学理念下创办了"四校四导师"实验教学模式，秉承着打破壁垒的理念，坚持以教授治学为指导，利用全国优质教授团队的群体优势，用多维度的逻辑次序指导，建立探索实践创新价值平台。更加值得称道的是王铁教授整合了多种资源和平台来全力支持"4×4实验教学课题"的顺利开展。①"创想公益基金"和"金狮王科技陶瓷有限公司"等机构提供资金支持；②中国建筑装饰协会、高等院校设计联盟提供实践平台；③创基金和中国建筑装饰协会进行教学监督；④"4×4实验教学课题"课题组涵盖全国多所高校，并联合匈牙利佩奇大学副教授以上职称的优质教师资源，对学生进行交叉指导，共享教学资源。

到2017年为止，"4×4实验教学课题"已经经历了九个年头的发展，逐渐形成了一套以"科技、艺术、审美"为研究者终极目标的实验教学模式，并且积极贯彻着国家"一带一路"战略，已经跟沿线国家的大学进行了深入的合作，极富成效地在教学实践上进行了探索，和他们在设计教育上持续性地进行交流合作。在这个过程中为我国以及"一带一路"沿线国家高校的教师和学生提供了大量的留学和互访的机会，将这种交流推向了一个新的高度。

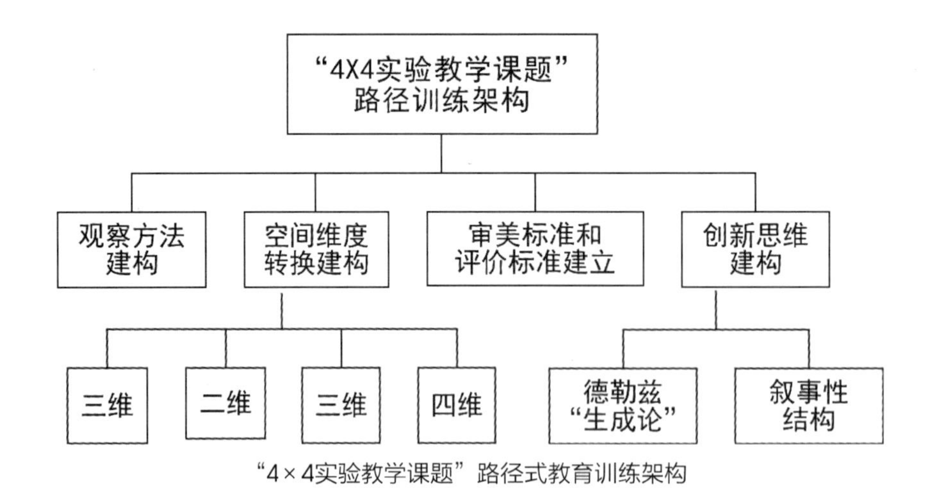

"4×4实验教学课题"路径式教育训练架构

二、"4×4实验教学课题"教学模式创新和实践的目标

1. 形成过程性创新思维

2017年"4×4实验教学课题"课题组组长王铁教授在继续贯彻国家"美丽乡村建设"、"一带一路"的国家战略的基础上，亲自进行教案编制，对这次课题的选题、课程推进、国际交流、成果展示等方面做了全面的统筹和安排。从教学目标制定、教学方法展开、教学内容涵盖等方面将这次课题不断地进行落地。本次课题经过了合理的筹划，调研地点在湖南、开题答辩在青岛理工大学、中期答辩在湖北工业大学、终期答辩在匈牙利佩奇大学举行，并在匈牙利佩奇大学举行中国高等教育设计联盟师生作品展。

西方设计教育对创造性思维的探索也是在一个不断尝试的过程中。人们努力将工作中创造性解决问题的过程描述成一种线性的逻辑结构，这种逻辑结构表现在那些看起来已经发生的公开行为中。创新思维被看成是叙事性的阶段，它们因行为（诸如解析、综合、推定等等）的各类主导形式不同而显示出各自的特色。这种行为和观念，在传统中具体呈现在设计类课程组织和教学原则中。它们是从18、19世纪间从巴黎美术学院和巴黎理工学校的工作室中逐渐演化出来的。（源自《设计思考》中埃伯格和卡利昂的观点）

"4×4实验教学课题"，为了解决学生缺乏设计方法论和过程性创新的问题，在继承我们国内优质教授团队以往的成功的教学经验的基础之上，敢于不断地打破原有的教学模式，打破设计专业之间的壁垒，强调生成过程性创新的路径教育，奠定以人为本的渐进式的"生成式"的创新，这和法国著名哲学家德勒兹的"生成论"有着非常紧密的对应性重叠性。"四校四导师"实验教学模式的这种审美标准和方法论的建构实践实际上颠覆了国内设计教育长时间存在的纯粹的模仿西方的柏拉图主义模式的设计教育，建立了一套新的有别于古希腊传统的审美标准和方法论。在教学过程中，来自不同高校的教师指导学生在"生成论"逻辑的框架下，运用逻辑性的工作方法将技术性的基础和创造性的艺术相叠加，循序渐进地生成创新思维。重视技术性的基础与艺术性的创造合二为一，强调技术性、艺术性、逻辑性，是"4×4实验教学课题"改革的核心。最终的目标是激发学生在现当代文化批判方面的创新思维和创造能力，并建立符合目前现状的审美观和评价标准。

2. 提高空间构建和审美能力

"4×4实验教学课题"在教学过程中，一方面引导学生建构过程性的创新思维，另一方面提高学生的空间建构

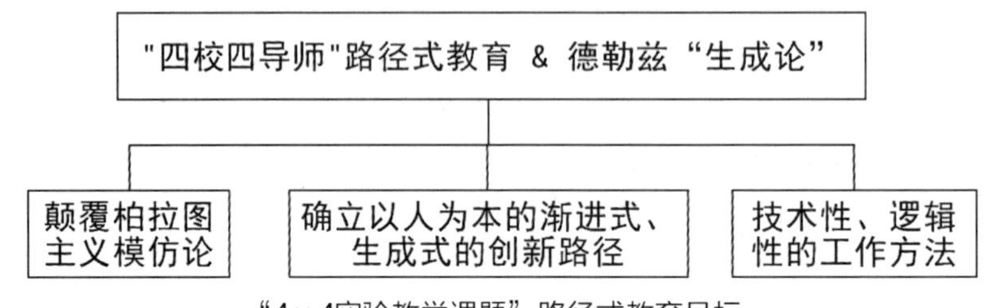

"4×4实验教学课题"路径式教育目标

和审美能力，为随后的博士阶段或者是进入到一线设计单位做好方法论的理论框架，有效地指导设计理论研究和实践行为。英国马克思主义理论家特里伊格尔顿在《审美意识形态》中认为：美学在寻求传统上本质化和超越性艺术定义的同时，其实已经强化了与主体性、自主性和普遍性相关的概念，这就使美学与现代阶级社会主流意识形态的建构密不可分，因此审美和艺术都要受到特定社会意识形态和历史制约，设计是与现实生活紧密相连的领域，艺术和设计活动被看作是和政治、社会生活辩证存在的一种关系，是与人类意识系统相关联的组织。这一美学的发生伴随着叙事、体积、空间、人工智能、色彩、科学、技术等方面改变物质元素的现代工业文化。因此，设计课程的主题设计方法论就不能仅仅局限于我们常规的设计方法，而是要解读设计主题所伴随的政治、经济、文化形态大的框架下立体的、历史性的解读。这中间可以通过解读与主题相关的电影、戏剧、诗歌、散文、传记等与我们现实生活相关领域相关联的艺术表达形式，来更加辩证地解读设计主题。通过建构目标设计主题的二维、三维、四维相互转化的空间以及艺术形态来重新审视我们的设计空间建构和审美标准的建立。

三、“4×4实验教学课题”路径教育为先导的课程阶段性建构

1. 叙事性框架下的课题认知的分析性阶段

第一，基于本次“4×4实验教学课题”的题目是旅游风景区人居环境与乡建研究，课题组安排选题的选题的基地为湖南长沙昭山风景区为基地。首先要将与基地相关的叙事性载体（例如：电影、戏剧等）纳入到我们的课题文化认知阶段，设立特殊的社会意识形态、历史情境、形态语汇以及修辞手法，结合对目标场所的观察和分析，建立历史、文化语境下的评价标准。第二，梳理昭山风景区环境地域性等相关信息、建设项目中各种法规、规范控制性条款等等一系列框架信息，使同学们的发散性思维能够追根溯源，理清脉络关系，特别要强调的是路径教育。通过制定设计导则来确立设计程序，进一步规范和控制学生们的设计路径的顺利展开。第三，对昭山风景区地域性的材料系统（视觉和触觉）基于唯物主义哲学框架进行特征性评估。体验和描述昭山地区地域性材料的特征，建立系统的方法，建构昭山地区材料库，更好地解读和运用本土材料和肌理。

2. 叙事性框架下的课题设计语言拓展的创造性执行阶段

叙事性载体和框架下有目的地研究昭山景区特定空间的基本要素，进而通过时间和空间上分离的快切，组成

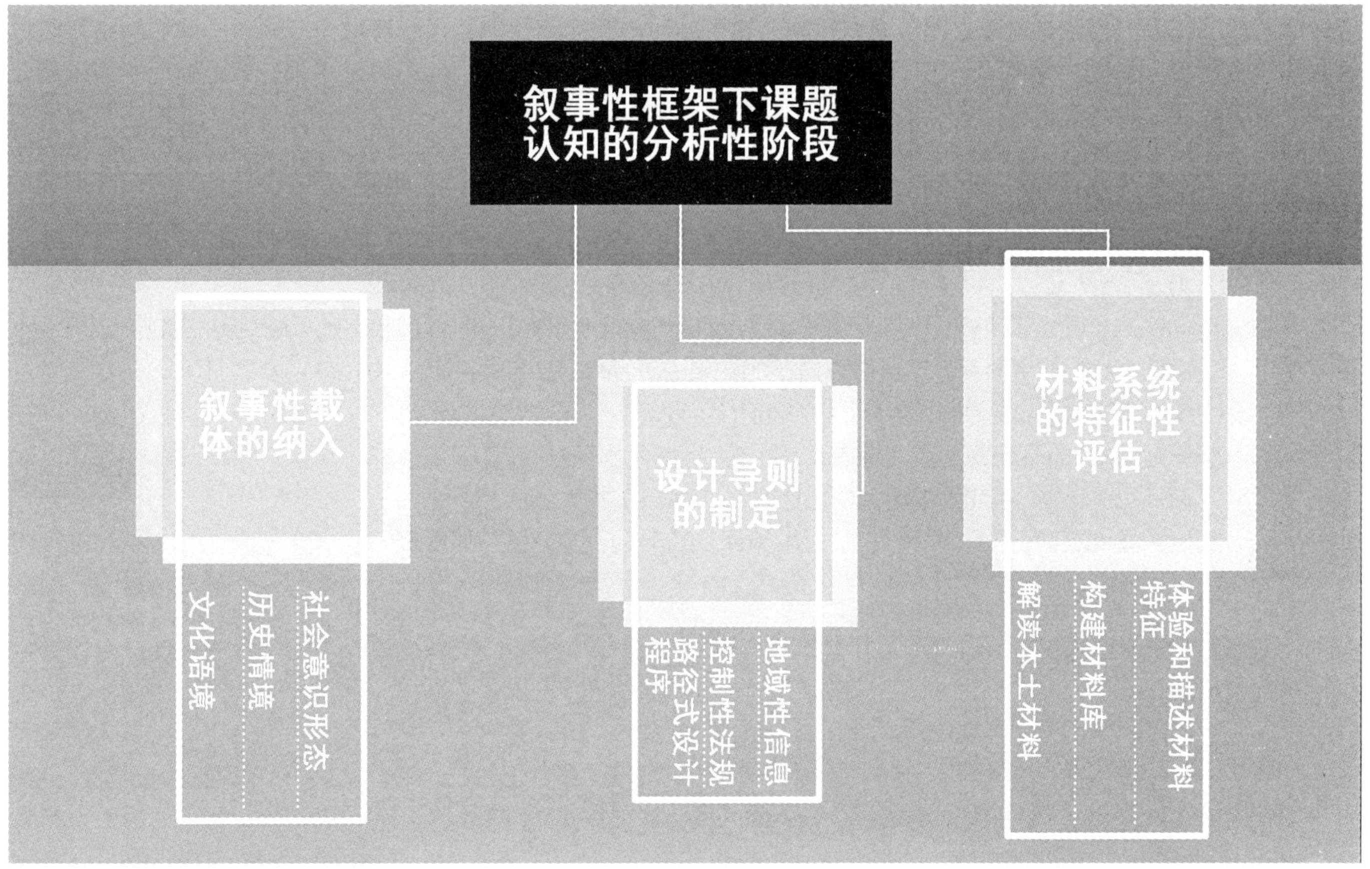

叙事性框架下课题认知的分析性阶段

了一个更大的蒙太奇式的空间建构思想，形成一种新的建筑空间叙事结构。在路径教育为导向“生成论”的指导下，结合着设计区域的设计规范和法规以及新技术的应用，运用形式和形象的方法诸如拼贴、引用等，并结合着叙事性框架下的修辞和文化的延续性，就有着具有审美衡量标准的重要意义，并且暗示着新的空间的生成、新的文化语言的阐释和组织。一方面，通过抽象的几何系统本身提供了不同系统来组织空间，在特定的语境中，系统直接越过三维欧几里得空间得到了，进入多维空间范围。伴随着这些几何体系的具体生成结果又影响着新的建筑空间观，并由此影响空间建构。另一方面，建筑设计和景观设计是一种语言，具有参照性和修辞性陈述，对确定过去文化延续性的重要意义加以确认，进一步加强了一种内省的、回溯过去的理论姿态。对传统语言的整合确立与过去的连续性，建筑设计语言的组成模式可以像模式语言那样被视为一套完整的语汇和语法规则，通过它们来表达新的创新思维。

最终随着在叙事性框架下的物体认知的分析性阶段和空间维度转化的创造性阶段的我们能够更加多角度且客观地得到空间建构的二维的表皮以及三维的空间形态等丰富的图形语言以及其丰富的叙事性的组织架构。我们就可以得到图形语言拓展的执行阶段的策略，成功引导该课题的建筑设计和景观设计。

四、“4×4实验教学课题”创新和实践的意义

“4×4实验教学课题”到今天已经是第九年了，它逐渐成为国内设计教育的一个重要的补充和组成部分，促使国内设计教育不断地推陈出新，紧跟着国际设计教育的发展，积极贯彻着国家的“一带一路”、“美丽乡村建设”发展战略，用科学和智能建设我们美好的家园，并逐渐成为国内设计教育的引领者。它敢于打破常规，突破了原有的国内各高校设计专业之间的壁垒，使高校中的优质的教师资源可以得到共享，取长补短。通过将近九个多月的时间，基于“4×4实验教学课题”这个平台，各所高校的同学们和各个专家、学者和导师在设计方法、理念等各方面进行了大量的头脑风暴，收益颇丰，使学生们对路径为导向的设计教育的理解更加深刻和全面。

“4×4实验教学课题”一方面重构了国内设计教育的授课体系和授课内容，强调路径为导向的过程性创新思维的培养，让学生能够在国家政策法规、叙事学、技术创新、生成论等方法的指导下，解析、综合、推定、创作设计课题的训练内容，能够定量定性和循序渐进式地分析和解读设计课题；另一方面，提高了学生空间建构和审美能力，将感性的认知上升到理性的阶段，建立了一套完整的评价标准。通过叙事性框架下的课题认知的分析性阶段、空间维度转换的创造性阶段、图形语言拓展的执行性阶段建构完整的路径教育教学结构，为随后的设计类相关课程打下坚实的基础。活动的组织比较有序合理，有效地缩小了国内各高校环境艺术设计专业的差距，提高了整体的教学水平。从最后达到的效果上来讲是非常成功和值得肯定的。

参考文献：

[1] R Griffith. Innovation and Productivity across four EuroPean countries [J]. Oxford Review of Economic Policy, 2002, (4).

[2]The Cox Review of Creativity in Business: Building on the UK, Strengths HMSO Treasury[R]. 2005:121-139.

[3] 李怡，柳冠中，胡海忠. 中国设计产业需要自己的知名设计品牌[J]. 艺术百家，2010(1):18-22[10].

[4] 曾辉. 设计产业政策与设计批评[J]. 装饰，2002(1):10-12.

[5]让尼娜・菲德勒等著. 包豪斯[M]. 查明建等译. 浙江人民美术出版社，2013.3.

[6]彼得罗著・设计思考[M]. 张宇译. 天津大学出版社，2008.10.

[7]丹尼・卡瓦拉罗著. 文化理论关键词[M]. 张卫东等译. 江苏人民出版社，2006.12.

校际联合教学

Reflections on Lnter - School Joint Teaching in Colleges and Universities

大连艺术学院 刘岳助教
Dalian Art college
Assistant Liu Yue

摘要：高校校际联合教学是增进院校间资源共享、优化教学资源行之有效的教学手段，同时能够为社会培养高质量人才。创基金四校四导师联合教学活动经过九年的努力，坚持实践与理论的结合，总结出一套行之有效的实践教学模式。团队在实践教学过程中整合各大院校的优势资源，充分发挥各大院校协同教学的优势，将这些优势资源融入实际项目课题教学中，从而让学生能够全方位、多角度地理解设计，展现出对社会更好的适应能力。

关键词：校际联合；实践教学；教学模式

Abstract: Inter-school joint teaching is an effective teaching method to promote the sharing of resources between colleges and universities, and to optimize the teaching resources. At the same time, we can cultivate high-quality talents for the society. Four years of four-instructor joint teaching activities After nine years of efforts, Combined with the theory, summed up a set of effective practice teaching model. Team in the process of teaching the integration of the advantages of the major institutions of resources, give full play to the advantages of collaborative teaching of various institutions, these advantages of resources into the actual project teaching, so that students can all-round, multi-angle understanding of the design, Showing a better ability to adapt to society.

Keywords: Intercollegiate Union, Practice Teaching, Teaching Model

校际联合教学作为一种新的教学理论与模式，其目的在于打破学校与学校之间的教学壁垒，充分整合教学资源。这种教学资源的整合方式是以往院校内所拥有的教学资源所不能比拟的。当下许多地方院校采取了多种方式在整合院校间的资源，诸如常见的院校间互相聘请专家进行毕业设计指导和品评，院校间的联合展览以及院校间联合举办一些竞赛。这些方式在一定程度上建立了院校间的沟通，同时也增进了院校间的交流，增进了相互了解，但是在校际联合教学的深度和维度层面有一定的欠缺。一方面是学校间的教学互通以及教学方式和理念上的差别需要时间去相互协调。另一方面是学校间的一些联合教学方式缺乏过程的指导，只注重结果，没有对过程进行深入的探究，造成了研究的深度不足、针对性不够强等问题。创基金四校四导师教学团队经过九年的积累，经过充分的策划，整合现有问题的基础上，探索出了一套更为行之有效的校际联合教学模式和方法。尤其是对于笔者所在的民办院校来说，是非常值得借鉴和学习的。

一、校际联合教学概念的解读

校际联合教学一般是由两所或两所以上院校组建的教学团队，合作完成一项课题。在这个教学团队中各自发挥所长、协同互助、优势互补，从而对指导的学生进行全方位、多层面、高精专的教学。校际联合教学的教学体系主要包括：

1. 设立目标

校际联合教学的教学目标是通过实践课题的研究培养学生的综合设计能力，使学生对问题的理解能力、自主学习能力、专业基础知识、纪律性以及团队合作精神等方面得到提高。以培养学生实践能力为核心，整合并完善学生的知识结构与体系，丰富学生的知识储备，指引学生的学习方向。同时打破院校间的壁垒，优化整合各个院校的优势教学资源，从不同的角度去理解设计。深入分析各个院校的优势与弱点，经过科学、严谨的分析和评估之后，有针对性地制定行之有效的教学方案，保证教学的时效性、课题指导的准确性。通过有针对性的指导，使学生能够具备基本的设计能力。

2. 教学流程的设定

校际联合教学过程也就是实践教学的执行过程，包括教学准备（教学大纲、教案、教材、课题准备）、教学方法、教学手段以及教学流程等。由于是多校联合教学，其中存在相互协同的问题需要解决，所以教学监督和协调部门是必不可少的。教学监督主要的职能是协助课题组把控教学质量，协调各个院校，统一教学进度，督促课题成果进度以及组织协调教学活动等职能。教学流程主要包括前期现场调研、开题汇报、中期答辩、终期答辩等，在这几个教学节点中，各院校教师共同指导学生的实践课题。其他时间里，学生的课题由各自的责任导师按照联合指导时所提出的问题和各个院校教师的意见与建议进行修改。整个流程注重对学生知识构架、设计能力与分析能力以及实践操作能力的培养。同时综合各院校的优势与特长对学生进行综合培养，以拓宽学生的眼界，以提高学生的创造力与解决复杂问题的能力。

3. 教学质量保证体系

教学质量保证体系是保证整个校际联合教学能够高质量完成的重要保障。如何建立一个高质量的教学质量保证体系是教学体系中非常重要的一环。要确保教学质量，首先要建立优质的教学平台，整个教学过程都以这个平台为依托进行运作。在这个平台上整合各院校的优质教学资源，指导学生进行设计。在开题汇报、中期答辩和中期答辩的过程中加入企业导师对教学成果进行评价，有助于企业对学生进行了解和指导，也有助于学生了解企业。

4. 成果评价体系

实践教学的目的主要是服务于社会，让学生能够更好地投入到实际工作中去，让校企能够无缝对接。整个教学成果评价体系应分为校内自我评定、院校间评定和企业评价三部分。首先对于整个实践教学课题，每所院校对于整个课题的时间上的把控、阶段成果的质量以及最终成果的质量控制都有一个自我评定的标准，这是保证课题质量的基础。通过几次汇报，将每所院校的阶段设计成果进行汇报展示，将教学成果拿出来进行横向比较和互评，从中发现各自的优势和劣势，促进各自院校设计教学提高。

在企业内部的专业人员参与阶段性教学成果的指导和评定有助于校企对接，缩短学生从学校到企业的适应时间。企业内部的专业人员给出的意见有利于学生了解企业，有利于学生从单一的“教—学”的被动学习过程到自学这样一个主动过程的转变。

二、创基金四校四导师实践教学活动对高校校际联合教学的探究

创基金四校四导师实践教学课题到今年已经是第九个年头，经过九年艰苦卓绝的坚持实践创建了一套先进的教学模式和成功模式。

1. 建立合理的校级合作体系

四校四导师实践教学课题组是由中央美术学院建筑设计研究院院长王铁教授、清华大学美术学院张月教授、

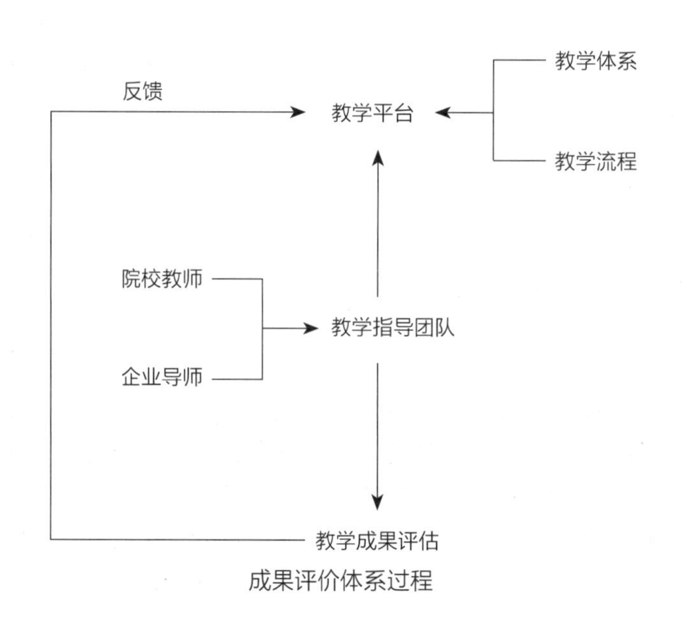

成果评价体系过程

天津美术学院彭军教授共同发起组建的一个校际联合实践教学平台。几位教授充分运用其在行业内的号召力以及极高的学术地位组建了一支由全国部分专业院校的学术带头人、教授以及精英教师组成的指导教师团队以及由企业内的资深设计总监、设计精英组成的实践指导教师团队。两个团队在四校四导师这个教学平台上精诚合作，发挥所长，默契配合，对学生的实践课题进行深入细致的剖析，逐个进行指导。

各院校指导教师按照实践教学的要求对各自的学生进行具有各自院校教学特点和风格的教学指导，按照学生自身的特点进行针对性指导。在各个汇报节点的联合指导中，各院校教师以及教学监督团队对教学进度进行把控的同时，对每个学生的实践课题设计进行有针对性的全面性的指导，指出学生在设计中的不足，让学生能够有进行自我比较和横向比较的机会。通过联合指导，能够更好地促进院校间的交流和学习，增进各院校间教学的互通和互助，使教学质量得到提高。校际间的教学联动能够激发学生的自主学习欲望，促使学生从“教一学”的被动学习状态中走出来，引导学生向自主学习的方向迈进。

企业实践课题导师对学生实践课题的指导更注重于解决实际问题方面的意见，有针对性地指出学生实践课题设计中对实际问题解决方案上的不足，让学生更直观地了解企业对设计人才的需求、企业对实践课题设计的理解、设计观念与方向等。通过企业导师的指导，让学生能从根本上改变学生在设计中浮夸的不切实际的想法，真正能够切合实际地进行设计。

2. 创建正确的教学管理机制

四校四导师实践教学所建立的管理体系是整个教学流程能够顺利执行的必要保障。在这个教学体系中，各院校以及企业导师要明确自己的职责和分工，服从教学核心团队的领导，依据教学计划所提出的要求进行教学。在这个教学平台上，以王铁教授、张月教授和彭军教授为核心的教学团队制定教学计划、教学流程、教学课题和教学目标。各院校教师要按照教学计划要求对学生进行指导，按照规定时间完成规定的工作量，同时要保证成果的质量。院校学生作为教学主体按指导教师要求完成设计课题。企业导师依照流程要求按时参与课题指导。教学管理团队会对教学时间、教学方案、教学质量进行整体的把控，把握每一个教学时间节点，敦促课题组师生按照教

王铁教授与张月教授、彭军教授针对实践课题教学问题进行讨论

学计划完成实践课题成果。整个教学过程中，教学管理团队能够与教学团队精诚合作，对教学团队进行监督和管理，使整个教学得以顺利进行。

3. 切实有效的评价机制

四校四导师实践教学的教学评价机制主要分为两部分，院校间的互评和企业实践导师对实践课题的评价两部分。

参与实践教学的每一所院校都有自身的一些教学特色，同时也对设计有着自身不同的理解。每个院校自身也有长时间积累出来的具有自身特点的对于设计的评价体系，关注的设计点也各不相同。在这样一种百家争鸣的设计教育盛宴上，学生能够汲取到的不仅仅是一个设计课题所带来的提高，同时也能感受到来自不同地域文化所带来的文化气质。

参与实践教学的企业实践导师，都是行业内的资深设计师以及精英青年设计师，他们经过多年的工作积累，整理出了一套适合社会需求的设计思路和设计理念，他们各家注重对设计中实际问题的处理和把控，更注重设计的可实施性。

三、高校校际联合教学对民办高校教学的启示

今年我非常荣幸以一名民办院校教师的身份参与这次四校四导师实践教学活动。在这次活动中所学习到的一些教学理念、教学方法以及各位教授、企业导师给我带来的一些新鲜的理念对我今后的教学都会起到一定的指导作用。

对于民办院校来说，存在其自身的教学资源相对匮乏、教学思路单一、教学上的投入相对较低、师资力量薄弱等诸多问题，四校四导师联合教学活动所提出的教学方法和理念为其提供了重要的参考。

首先，要从内部挖潜，整合自身的教学资源，梳理出自身的特点和优势。民办院校的优势是教学相对开放，有利于吸收先进理念。同时，民办院校教师构成相对不合理，年轻教师较多，对于工作具有相对较高的期望以及对教学上的诉求，这些都有利于民办院校自身的发展。通过对自身的资源的梳理、对自身资源的挖掘，整理出一

教师在教学成果展合影留念

套适合自身的教学理念，展现出自身的特点和特色。

其次，在展现自身特点和优势的基础上，增进院校间的交流，参与院校间的教学合作活动，向兄弟院校学习，横向对比，通过学习弥补自身的不足。同时整合教学资源，建立沟通平台，增进互通。

第三，建立合理的评价机制，院校间的互评、院校内部的互评以及企业对院校的评价都是促进院校自身进步的必要手段。

四、结语

四校四导师教学所创立的教学模式分为几个层次。院校层面上，每个院校以自身教学为基础进行课题指导。课题组层面上，各院校联合指导学生，对学生的实践课题设计进行指导，横向比较，共同促进。在企业层面上，企业专家对实践课题提出自己在实际问题以及设计细节方面的意见，让学生和企业能够互相了解，院校通过整理和分析企业专家的指导意见和对设计方向的把握，从而指导院校进行有针对性的教学实践改革。这些先进的教学理念值得民办院校借鉴和学习，将这些教学理念融入今后的教学中，对民办院校的发展是大有助益的。

践行“一带一路”教育实践

Practice of “the Belt and Road”, the Practice of Education

匈牙利佩奇大学 信息工程学院 在读博士 赵大鹏
University of Pecs, Faculty of Engineering and Information Technology
Ph.D Zhao Dapeng

摘要：十年树木，百年树人。良好的教育基础和体系是培养人才的关键，在高等教育领域，对于人才的成长具有决定性的指导作用。“四校四导师”联合实验教学活动为广大的高校师生提供了广阔的交流平台、优质的学术资源及丰富的实践机会。随着活动广度、深度不断地延伸，2017年真正走出了国门，与匈牙利佩奇大学进行了诸多良好而有价值的互动及合作。打开了课题师生的视野，拓展互动实现了人才培养的全球化理念。随着活动的不断优化，学术交流活动将更加成熟，脱颖而出的人才将更加具有国际视野。

关键词：中国梦；大学联盟；人才培养；国际视野；国际交流；发展深化

Abstract: Expert professionals are the core premise of revitalization of Chinese nation, and then to realize the China dream. High quality educational system is the foundation of elite training which is a hard subject. Especially in the field of university education, it is a decisive guide for further development of the young generation. The “Four Four” workshop provides a wide communicative platform, excellent academic resources and abundant practical opportunities for the participants. With the extension of the workshop, several activities were hold abroad in the year of 2017. There were many valuable communication and cooperation between the Chinese group and the foreign university. It is an optimized method to enlarge the perspective and mind of the participants with considerable achievements in the end. Along with the constant optimization of the workshop, international communication will be a matured individual, meanwhile, more elites with international perspective will emerge.

Keywords: China Dream, University Union, Elite Education, International Perspective, International Communication, Further Development

一、“四校四导师”联合实验教学

为了打破中国各高校之间的学术壁垒，整合优质的教育资源，为培养设计类人才提供更充分、全面的保障，由中央美术学院王铁教授领衔，以清华美术学院张月教授、天津美术学院彭军教授、苏州大学王琼教授为核心，联合国内外多所优秀高等院校，于2009年发起了“四校四导师”联合实验教学活动。活动坚持教授治学的课题宗旨，创造校际、校企、国际合作教学为主的多维教学模式，探索责任导师、名企名导、青年教师组合指导教学的三位一体化导师团队，鼓励参加课题院校学生共同选题，紧密与社会实践相结合，以实际工程项目为课题背景，培养学术型、研究型和实践型的复合型优质人才。九年来，教学活动硕果累累，先后有近百位国内外高校教师参与，培养了约500名合格的学生，并得到了数十位企业高管及知名设计师的支持和协助。在学术界及社会领域得到了广泛的赞誉。

二、国际交流现阶段成果

1. 匈牙利及佩奇大学

匈牙利位于欧洲中部，地理位置十分重要，被誉为欧洲的“十字路口”。在中国的“一带一路”策略中，匈牙利是极为重要的一环，被视为维系中国与欧洲的纽带。因为地理位置特殊，在匈牙利超过1000年的悠久历史中，不同的文明不断汇聚，形成了独具特色的匈牙利文化。匈牙利人民受教育水平高，文化素养好，整个国家弥散着浓郁的人文主义气息。

佩奇大学位于匈牙利第五大城市佩奇市，始建于1367年，是匈牙利历史上第一所大学。佩奇大学由10所独立的学院组成，信息工程学院是其重要的组成部分之一。信息工程学院作风严谨，学术研究扎实，注重实践。在历史建筑保护及绿色节能建筑设计领域尤为擅长，由学院师生共同完成的佩奇市早期基督教遗址保护项目、佩奇大学研究中心等项目多次获得国际级的奖项。

2. 学术及实践合作

由于诸多的原因，国人对匈牙利的认知有限，但是这掩盖不了匈牙利文化的繁荣和高度的发展水平。放眼中国的发展，掌握了解匈牙利历史和现状，无疑会为个人的成长提供更多的机遇。在中国发起的“一带一路”项目中，匈牙利作为中国在中东欧地区重点合作国家，说明了其日益增长的重要作用。

为了促进相互的交流和影响，在中央美术学院王铁教授，佩奇大学Bachmann Balint教授及其他相关同仁的共同努力下，2014年匈牙利佩奇大学建筑学院加入，成为扩大了参与院校范围的“4×4实验教学课题”活动的一员。四年来，在一致的设计主题下，共有4名佩奇大学的教师和12名学生参与活动。其中2014~2016年间，9名佩奇学生来华参与中期及最终答辩。2017年，为配合佩奇大学650周年校庆，由王铁教授带队，中国师生30余人赴匈牙利佩奇市进行课题的最终答辩，并在之后进行了隆重的颁奖仪式及展览，取得圆满成功。

除了每年例行的设计课题，在中方的组织下，佩奇大学Marcel Breuer博士院的师生还广泛地参与到了中国的实际设计项目中，展现出了不同的设计理念和优秀的设计水准，得到了客户的肯定和认可。2015年，佩奇大学Marcel Breuer博士院在中国成立流动博士站，为双方交流的深化和持续提供了重要保障。

三、国际合作的发展

2017年的“4×4实验教学课题”活动，将最终的结题汇报设置到了匈牙利，真正地实现了从“引进来”到“走出去”的转变。不论在形式上还是内容上，都得到了进一步的发展和升华，收获了多方的认可和赞赏。

王铁教授、张月教授、彭军教授与佩奇大学领导于颁奖仪式后合影

1. 佩奇考察

这种转变得到了佩奇大学积极的回应，在协助中国团队组织例行教学任务之外，还为中国的师生安排了大量有针对性的活动，极大地提高了中国师生对匈牙利各个层面的认知，扩展了师生的视野。

以建筑为学术、文化交流的切入点，佩奇大学信息工程学院为中国师生组织了诸多环佩奇市的建筑旅行。从古罗马时代的早期基督教遗址，到中世纪的城堡、教堂直至现代的佩奇大学研究中心、佩奇市图书馆、佩奇市歌剧院等。通过对建筑的介绍，完整地展示了佩奇两千多年的城市发展史。更为难能可贵的是，大部分考察的项目都与信息工程学院渊源颇深，或由在校师生直接负责，或部分参与其中。即使是集体聚餐的地点，也多选择了佩奇大学教师参与的历史建筑改造成的餐厅，在各个方面都展示出了学校办学的特点及成果，用意深远，值得我们借鉴。带队讲解均为佩奇大学工作人员，他们专业知识扎实，对每个参观的建筑都如数家珍，讲解内容追古溯今，极为深入，为中国团队深层次地了解佩奇，乃至整个匈牙利，提供了难得的机会。

本次“4×4实验教学课题”活动将最终的高潮环节放置到佩奇进行，重要的原因之一，是为了参与佩奇大学650周年校庆活动。由于校庆，整个城市都弥漫在一股节日的气氛中，各种庆典、表演散布在城市各个角落，经久不息。为尽地主之谊，佩奇大学组织中国师生观看了多场文艺演出及体育赛事，给此次学术交流活动增添了多元化的补充。

2. 使馆支持

“四校”团队的到来，受到了佩奇各方面人士的重视。这得益于佩奇大学信息工程学院的大力推广；“四校”培养出的留学生的尽心宣传及当地华人的全力支持。当然，外力的支持只起到辅助的作用，中国师生的优秀作品所展现出来的杰出成果，才是征服眼光挑剔的匈牙利同行的关键所在，为自身赢得了良好的声誉。

由于“4×4实验教学课题”在匈牙利的国际交流过程中取得了可喜的成果，本次活动受到了同时期赴佩奇参与佩奇大学650周年校庆的中国驻匈牙利大使馆教育组负责人吴华老师的充分肯定和赞扬。在校庆活动过程中，吴华老师和“四校”团队带头人王铁教授进行了深入的交谈。在进一步了解到“四校”活动的宗旨、成长历史和现阶段成果后，吴华老师为活动下一阶段的发展和方向提出了些许中肯的建议。并表示愿意以中国驻匈牙利使馆的名义，对活动进行经济上的资助和涉外沟通层面的协助，以中国的国家影响力为“四校”在匈牙利的国际交流提

佩奇大学组织中国师生考察佩奇周边当代节能建筑

供更多的渠道、更便利的通道，促进活动的良性可持续发展。

“4×4实验教学课题”有了国家作为后盾，拥有了最为坚实的基础。这一以人才培养为主旨的综合性平台，势必将发挥出越来越重要的作用。更多具备国际视野的优秀人才定能通过这一平台走向国家建设的大舞台，不辱使命。

四、国际合作的思考

毋庸置疑，四校联盟与佩奇大学的国际交流取得了令人瞩目的成果。但是，仍需要以发展的眼光看待问题，不能仅仅满足于现阶段的成绩。为了“四校四导师”这一优质的产、学、研平台在国际交流领域给参与的师生输送更多的资源，在诸多方面依旧需要拓展、深化及有益的改进。

1. 广度延伸

自2014年佩奇大学加入“四校四导师”活动以来，中匈双方的合作主要专注于本科及研究生设计课程指导。若将眼观放得长远，诸多领域还有很大的开发价值。

佩奇大学信息工程学院的教学内容和形式十分值得中方的师生借鉴和研究，针对环境艺术设计教育的不足，取其精华，认真学习。在内容上，佩奇大学的教育并不强调自身工科或是文科的属性，除设计科目外，还广泛开展与专业相关的美学教育、语言教育、工程技术教育及实践教育。在这种课程体系下培养出来的学生，并无明显短板，可以快速地融入社会实践。基本上杜绝了学生作业只注重概念表达，但是制图不规范的尴尬情况。在形式上，尤其是在设计环节，注重学生表达能力的培养，强调师生之间的互动。每门设计课中都会组织2~3次的公开汇报和评图，整个过程气氛融洽，但是教师的提问经常直中要害，针锋相对。面对犀利的问题，学生必须在短时间内做出合理的解释并获得教师的认可，这极大地锻炼了学生的临场反映能力和沟通能力。经过大量的训练，避免了日后在项目交流中词不达意、思维混乱的弊端。因为“四校”这一平台的存在，佩奇大学成为了一个常规成员，中国高校与佩奇大学的交流呈现出常态化。随着时间的推移，有益于提升中方教育质量的课程交流会越来越多地开展起来，由单一的设计课题合作延伸到常规教育的互助，实现双赢。

除了教学，佩奇大学另一项工作的重心在于实践领域，产、学、研紧密结合。上文提到的诸多大型重要项目均有佩奇大学师生参与其中。多年的项目经验，为佩奇大学培养了大量兼具扎实学术素养和实践经验的中青年教师和在读博士生。中方团队中的多数教师，具备对等的或者更多的经验，双方都拥有强大的智慧基础。中国的建设目前处于一个较为繁荣的时期，匈牙利的建设也在小规模地持续进行，为双方的实践合作提供了时代的可能性。中匈高等院校间在实际项目中的合作，将成为检验多年学术合作成果的试金石，令人期待。

佩奇大学作为欧盟高等教育领域重要的合作性的学生交流项目Erasmus的成员之一，与欧洲及其他大洲大量的高等院校存在良好的合作关系。佩奇大学有开放的心态和积极的意愿促成合作伙伴间的交流合作。与佩奇大学的合作，为“四校”平台国际交流活动提供了众多潜在的优质资源。

2. 深度延伸

中国高校联盟的组成以环境设计专业背景为主，佩奇大学信息工程学院以建筑学专业为主导。两种专业既有一定的关联，又存在很多的不同，再加上不同国家间各具特色的文化背景，诸多紧密合作的机会还有待发掘和深化。以此次国际交流为契机，提升中国高等教育在相关领域的水平，给人才的培养创造更好的条件。

现阶段与佩奇大学的合作模式为在相近的设计主题下，进行双边课程交流和学生间的竞赛。近5届活动，设计主题的选择贴合国情，顺应国家发展的趋势，主要集中在历史建筑改造、农村村貌升级改造和农村旅游业发展等领域。由于课题组悉心的引导，“四校”学生的社会敏感性得到了提高，设计服务社会，服务国家建设的理念潜移默化地影响着每个参与者。国家的建设不是一朝一夕就能达到预期高度的，建设过程中所面对的问题也是层出不穷的。这需要有理想的专业人才长期投身其中，孜孜不倦地研究、实践。“四校”所关注的主题每届都会有所变化，依靠常规的“四校”活动来解决国家发展中的各方面问题是不现实的。这就要求在每届的活动之后，有师生持续地跟进项目进程，并辅以理论研究作为支撑，深度而务实地为遇到的问题找到最佳的答案。令人兴奋的是，佩奇大学在历史建筑保护、建筑节能设计、智慧乡村建设等相关领域进行了长期的研究和实践，并取得了丰硕的成果。在中匈高校建立紧密联结的基础上，共同研究相关联的课题，长期关注，共同寻求最优的解决方式，进而实现成果的共享和相互借鉴。与技术先进的同行合作，在他人经验的基础上发展自身，少走弯路，探索最佳的路径。

3. 可持续性

2017年，是“4×4实验教学课题”开展的第九年。活动从无到有，直至今天取得了丰硕的成果，每一次向前的迈进都离不开以王铁老师为首的所有课题组老师的倾心奉献。为了让“四校”活动长久而良性地举办，仅仅依靠数位老师个人的付出是不够的。需要在各方的共同努力下建立一个稳固而有生命力的系统，实现活动的可持续性。为此，在诸多方面需要付诸实施。

建立严格的教学、组织管理体系。无规矩不成方圆，自由散漫的作风会伤害集体活动的公信力。任何组织、机构都有自身的管理体系，如同身体的骨架，支撑整个体系的运行，并直接影响了运行的效果。“4×4实验教学课题”在接下来的一个发展周期能否稳定而高效地运转，健康的管理体系会起到决定性的作用。

寻求稳固的经济来源。为了不断提升课题的研究水平，支持“四校”团队进行深入的实地考察，查阅大量的相关资料，经济上的支出必不可少。“四校”活动目前得到了大量国内基金及知名企业的资助，欣欣向荣。但是仍需未雨绸缪，尤其是在践行“走出去”策略后，财务上的压力急剧增加。幸运的是，由于活动得到了中国驻匈牙利使馆的高度认可，得到使馆长时间且稳定的经济支持成为了一种可能。同时，佩奇大学的孔子学院也在主动和课题组寻求长期合作，试图在经过双方协调的框架内，于佩奇市开展文化交流活动，并给予合理的经济补助。中国驻外的使馆、机构都对课题组伸出了橄榄枝，是课题组的经费来源实现多元化、长期化迈出的重要一步。

建立稳定的国际交流人际关系网。促进中外双方的人员互动，能够大大提升“四校”活动的活力。对于长期保持与外方院校的联系，及时接收对方的最新成果，常驻对方机构人员的重要性不言而喻，是学术交流领域的大使。这种“大使”性质的交流可以有多种形式，比如通过“四校”活动赴外学习的留学生，访学的双方教师或在对方国家工作的建筑师。由于这类人员对于双方均有深入的了解，如同建筑结构中的预埋件，定会在关键时刻发挥出至关重要的联结作用。

4. 改进不足

作为东道主，佩奇大学为中国师生提供了真诚的接待活动。但是，面对佩奇大学的努力，部分师生表现冷淡或心不在焉，使很多有针对性的活动失去了意义。这是对佩奇大学的不尊重，也是对自己的不负责。同时，在匈牙利期间，应尽量地多了解当地的习俗、文化，不违反当地法律法规。作为国家建设的栋梁，应在各个方面都严格律己。尤其在赴外交流期间，更应以身作则，树立正面的国家形象。

五、总结

人才的培养是一项艰难的任务，需要大量物力和精力的投入。诚然，很多时候，最终取得的结果难以预料。不过，作为一项崇高的任务，“四校”课题组的教师们无私地为其倾注了难以数计的心血。不可否认，在此次活动中还存在诸多不尽如人意之处。但是，瑕不掩瑜，取得的丰硕成果有目共睹，得到了各方广泛的认可。广大参与其中的中外师生都得到了极大的感染，在思想上得到了升华。九年来，每一名参与“4×4实验教学课题”的学生都受益其中。随着活动更好的发展，对外合作更深入而广泛地展开，将有更多的受益者。期望在不久的未来，他们将以扎实的专业功底、真挚社会责任感和国际化的视野，投入到为实现“中国梦”而进行的国家建设之中。

参考文献

[1]王铁．踏实积累：2016创基金四校四导师实验教学课题中国高等院校环境设计学科带头人论设计教育学术论文[M]．北京：中国建筑工业出版社，2016.

[2]王铁．再接再厉：2015创基金四校四导师实验教学课题中国高等院校环境设计学科带头人论设计教育学术论文[M]．北京：中国建筑工业出版社，2015.

[3]王铁．脚踏实地：2014中国建筑装饰协会卓越人才计划奖暨第六届“四校四导师”环境设计本科毕业设计实验教学课题[M]．北京：中国建筑工业出版社，2014.

[4]姚云．中国教育学术成果的国际交流及其突破[J]．教育研究，2008(06):18-23.

[5]王恒．民国时期国立大学国际学术交流综论[J]．教育评论，2017(02):157-160.

[6]Pradeep A. Dhillon.International Organizations and Education[J]. International Encyclopedia of the Social & Behavioral Sciences (Second Edition), 2015:538–541.

回顾・更替

Retrospect & Replacement

山东师范大学 讲师、匈牙利佩奇大学 在读博士 葛丹
Shandong Normal University, University of Pécs
lecturer,PhD.Ge Dan

摘要：通过回顾专业名称更替的过程，梳理了环境设计专业的发展历程和不断扩展的专业内涵，得出环境设计专业的人才培养目标应是集合艺术与工学技能于一身的复合型人才，并从生源、师资和教学体系三个方面分析了人才培养目标难以实现的原因，从课程体系建设和教学方法两方面提出进行专业建设的可选路径。最后介绍了“四校四导师”活动的具体情况，指出其构建的实践教学模式和跨校的教学平台，是环境设计专业教学改革中可供参考的成功案例。

关键词：环境设计；专业内涵；培养目标；课程体系；教学方法

Abstract: This paper reviews the development process of environmental design specialty and the expanding professional connotation by reviewing the process of replacement of professional name. It is concluded that the goal of personnel training in environmental design should be a combination of art and engineering skills. This paper analyzes the reasons why the goal of personnel training is difficult to be realized from the aspects of students, teachers and teaching system, and puts forward the optional path of professional construction from the aspects of curriculum construction and teaching methods. Finally, it introduces the 4&4 workshop, and points out that the practical teaching mode and the teaching platform is the successful case in the teaching reform of environmental design.

Keywords: Environmental Design, Specialty Connotation, Training Target, Course System, Teaching Method

一、不断扩展的专业内涵

环境设计专业是一个有着显著中国特色的专业，在国外尚无名称对应的学科和专业。它最早起源于中央工艺美术学院（现清华大学美术学院），并在不算长的时间内经历过几次专业名称的改变。1956年中央工艺美术学院成立的室内装饰系，是国内第一个室内装饰设计专业，当时主要是服务于少数国家层面的项目，如人民大会堂、中国历史博物馆的室内设计与建筑装饰设计。70年代后该系改名为室内设计系，80年代后效仿日本，在专业内容上扩展了室外环境设计的部分，更名为环境艺术设计。设计范围从室内设计扩大到包括建筑内部与外部空间设计、中小尺度的公共环境与景观园林设计等。

1988 年国家教育委员会正式决定在我国高等院校设立环境艺术设计专业。浙江美术学院(现中国美术学院)等艺术院校陆续建立了环境艺术设计专业。之后伴随着国家经济的高速发展、城市建设的快速扩张，以及市场对设计师的高需求，环境艺术设计专业在全国各类院校蓬勃开展起来，农、林、工、理、艺术等各个类别的学校都有。据报道，目前国内开设环境艺术设计专业的大学已有561所，在校生有十几万人。

环境艺术设计专业在成立之初设计对象是比较局限的，就是围绕建筑进行的装饰活动，包括室内装修和室外装修。但近年来随着城市建设的发展和人们对环境意识的改变，环境设计的格局越来越大，设计的对象越来越多元化，涉及城市设计、景观和园林设计、建筑与室内设计，几乎涵盖了与环境和美化装饰有关的所有设计领域：从公共设施到城市形象，从居住空间到城市综合体，从社会热点话题到文创产业，从展览空间到大型文化活动，环境设计的内涵越来越趋向于广义。而且随着需求的多元化，设计的专业界线也不再像过去那样泾渭分明，模糊化、边界消融、跨界成为新的趋势。

2012年“环境艺术设计”更名为“环境设计”，属于艺术设计学科之下的专业方向。更名的初衷是希望该专业

在教学目标上更强调“环境”而淡化“艺术”。在教育部学科目录中对环境设计服务范围的解释是“公共建筑室内设计、居住空间设计、城市环境景观与社区环境景观设计、园林设计等”。环境设计专业不仅包含对艺术设计与欣赏审美能力的培养，还包含对城市规划、建筑设计、景观设计等土木工程知识的掌握，是一门集合艺术与科学的跨领域学科。与建筑学相比，环境设计更注重建筑室内外环境艺术气氛的营造；与城市规划设计相比，则环境设计更注重设计细节的落实与完善；与园林设计相比，则更注重环境内局部与整体的关系。正如美国环境设计丛书编辑理查德·道伯尔（Richard Dober）所说，“环境设计是比建筑范围更大、比规划的意义更综合、比工程技术更敏感的艺术。这是一种实用艺术，胜过一切传统的考虑，这种艺术实践与人的机能紧密结合，使人们周围的事物有了视觉秩序，而且加强和表现了所拥有的领域。”

二、设计“通才”的培养目标

根据环境设计专业的内涵，环境设计师应具备专业的技能和知识，了解城市规划、建筑学、结构与材料等相关专业的工学基础知识，并具有深厚的文化与艺术修养。必须具备创新意识，具备与各类艺术交流沟通的能力，具备广泛的综合、整体处理解决问题的能力，能够协调并处理有关人们的生存环境质量的优化问题。可以说，环境设计师应具有“通才”的修养，是一个集合艺术与工学技能于一身的复合型人才。但现实的困难是，仅凭各高校现在的教学能力和生源是很难培养如此高标准人才的。

首先，造成当今艺术设计教育不成功的主要原因就是生源素质低下。环境设计专业属于艺术设计学科下的专业，招收的生源为艺术类考生。国家教育体制对艺术学科有一定的偏见，高考制度中也有对艺术特长的学生降低文化课成绩的惯例，其本意是对有艺术天赋人才的倾斜照顾，然而实际的结果却是，随着招生规模的不断扩大，大量文化成绩达不到高考标准的考生，借助考前艺术培训的速成训练，成为环境设计专业的主要招收对象。他们的绘画功底多是临时抱佛脚的应试能力，文学艺术感受力不强，理科知识很薄弱，对于工科知识的接受度和领悟能力很有限，空间思维能力不强，在专业学习中困难重重，很难成为高水平的环境设计师。因此有必要调整招考标准，控制招生规模，让具有高素质的全才学生进入环境设计学科。

环境艺术设计教师作品展，包含室内、景观、建筑、雕塑、绘画等多种形式

其次，师资力量薄弱是限制高校环境设计专业发展的另一个重要原因。高校现行的招聘政策是应届毕业生，他们从学校毕业后就成为专职教师，尽管理论水平过硬，但普遍缺乏实践经验，在教学中存在过分强调理论知识或创意思维，而忽略培养学生实践工作能力的问题，制约了学生职业能力的培养。解决这一问题的途径有两个，一是鼓励在职教师积极地进行设计实践，将科研、设计实践和教学活动结合起来，提升其社会实践能力。第二个途径是有计划地外聘专家作为客座教学顾问、讲师等，为日常教学活动注入新的活力，或与设计企业联合建立校外实践基地，为学生提供更多接触设计实践工作的机会。

最后，要实现环境设计专业全才、通才的培养目标，就必须对课程体系进行科学设置。然而国家层面缺少环境设计专业培养方案或教学体系方面的规范，专业发展时间不长，高校之间对课程体系的安排尚未达成共识。各高校依据自身的学科基础、师资力量和对专业的理解，建立了各不相同的培养方案和教学体系。农林院校通常以园林、植物、生态为主，艺术院校则以人文艺术为主，工科院校则以工程技术为主。在具体的教学过程中，存在教学内容混杂、教材杂用、教学方法陈旧等各种问题。

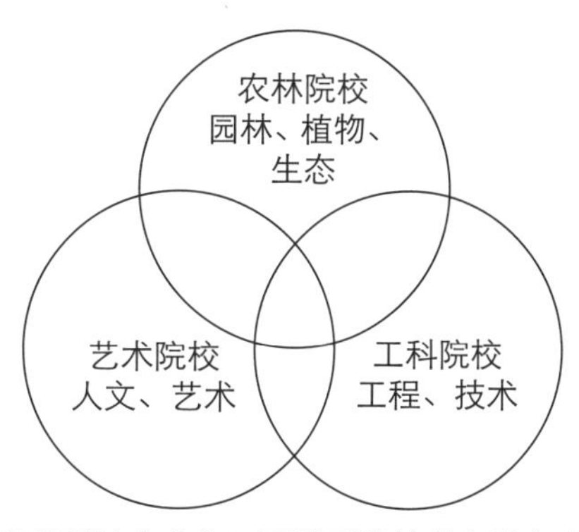

环境设计专业在不同类型学校的办学方向

三、“艺工结合”的课程体系

环境设计专业具有工科与艺术学科交叉的跨学科特点，其教学应当兼顾“艺术”与“工学”两个基本核心。环境设计专业在国外通常设于工学学院中，在强调技术实现的同时，也非常重视文化艺术方面的培养，认为设计师只有看到物质形态背后的文化内涵，才能全面、深刻地把握设计。在我国，环境设计专业普遍设于艺术学院中，但同样应以培养学生的审美能力和理论基础为目标，在加强工科理论知识的学习基础上，充分发挥学生在文学、艺术方面的优势。环境设计专业需要包含的课程内容有如下几个方面：

1）人文素养：艺术史、建筑史、园林史、美学概论、公共艺术、行为心理学、环境心理学；

2）工学基础知识包括：制图规范、人体工程学、建筑力学与建筑结构、建筑材料和构造原理、照明和声学设计等；

3）设计思维：空间构成、建筑设计原理、城市规划原理、风景园林或景观设计原理、设计思维与方法等；

4）实践能力：测绘与制图、表现技法与电脑辅助设计、各专题设计与毕业设计、实践实习与社会调研、竞赛与校际交流等。

人文素养	艺术史、建筑史、园林史、 美学概论、公共艺术 行为心理学、环境心理学
工学理论	制图规范、人体工程学、 建筑力学与建筑结构、建筑材料和构造原理 照明和声学设计
设计思维	空间构成、设计思维与方法 建筑设计原理、城市规划原理、风景园林或景观设计原理
实践能力	测绘与制图、表现技法与电脑辅助设计、 各专题设计与毕业设计、 实践实习与社会调研、竞赛与校际交流

环境设计专业的知识体系

如此庞杂的课程内容，在本科四年的教学里是不能全部包括的，因此，细化专业方向是必需的。在以环境整体观基础上，以建筑为主线向室内、室外两个界面衍生，拓展为风景建筑设计、景观设计和室内设计三个专业方向，是环境设计发展的趋势。目前，很多教学水平高、师资水平强的高校已经实现了专业方向的划分，将“厚基础、宽口径、专门化”运用到了教学实践中。学生在一、二年级进行统一的基础知识学习（工科理论与艺术历史），形成厚基础；三年级根据所选方向完成特定的专题设计（特定功能的建筑空间或景观设计），并选修一至两门跨学科的专题设计，形成宽口径；四年级，结合毕业设计选题，融汇所学内容，拓展创造性思维和完善设计的能力，成为专门化人才。

四、研究性设计与教学

学科发展和人才培养目标的实现最终还是落脚在具体的教学活动中，因此有必要再谈谈设计教学的方法问题。环境艺术设计的本质在于创造，创造的能力来源于人的思维，因此通过思维方法的训练能提高学生的创造力。事实上，学生在校期间不可能学会所有的专项设计，最主要的是学会掌握创意设计方法，养成高效、快捷的创新思维能力。因此，有必要重视设计方法的教学和研究。

早在1953年，德国乌尔姆设计学院，针对建筑学的教育就提出“以技术理解作为基础的设计不是停留在形式效果的层面上，而是对问题的良好解决，和技术性、系统性的完整深化”。设计，首要的是解决问题；在解决问题之前，首先要寻找、发现问题；同等条件下，解决问题的手段越简洁越好。当前我国的环境设计教学却长期忽视科学设计观的培养。

传统的专题设计课程，就是将课程分为商业空间、居住空间、办公空间或居住景观、广场景观、滨水景观等设计类型，课程的一般程序首先是对学生讲解各类型空间设计所需要掌握的知识点，然后是布置给学生相应的研究课题，让学生按照自己的思路完成课题任务，最后是对学生的课堂学习和项目制作进行统一的评价。在此过程中，学生大部分时间处于被动学习状态，很难发挥主动性、积极性，多是按照任务要求被动完成作业，缺少创新和思考，不利于创新性人才的培养。而教师对作品的评价也缺少对过程的关注，而是注重环境设计作品呈现的最终效果，表现水平的高低、视觉效果的优劣，这也造成了学生单纯追求形式感，使简单的问题复杂化的现象。

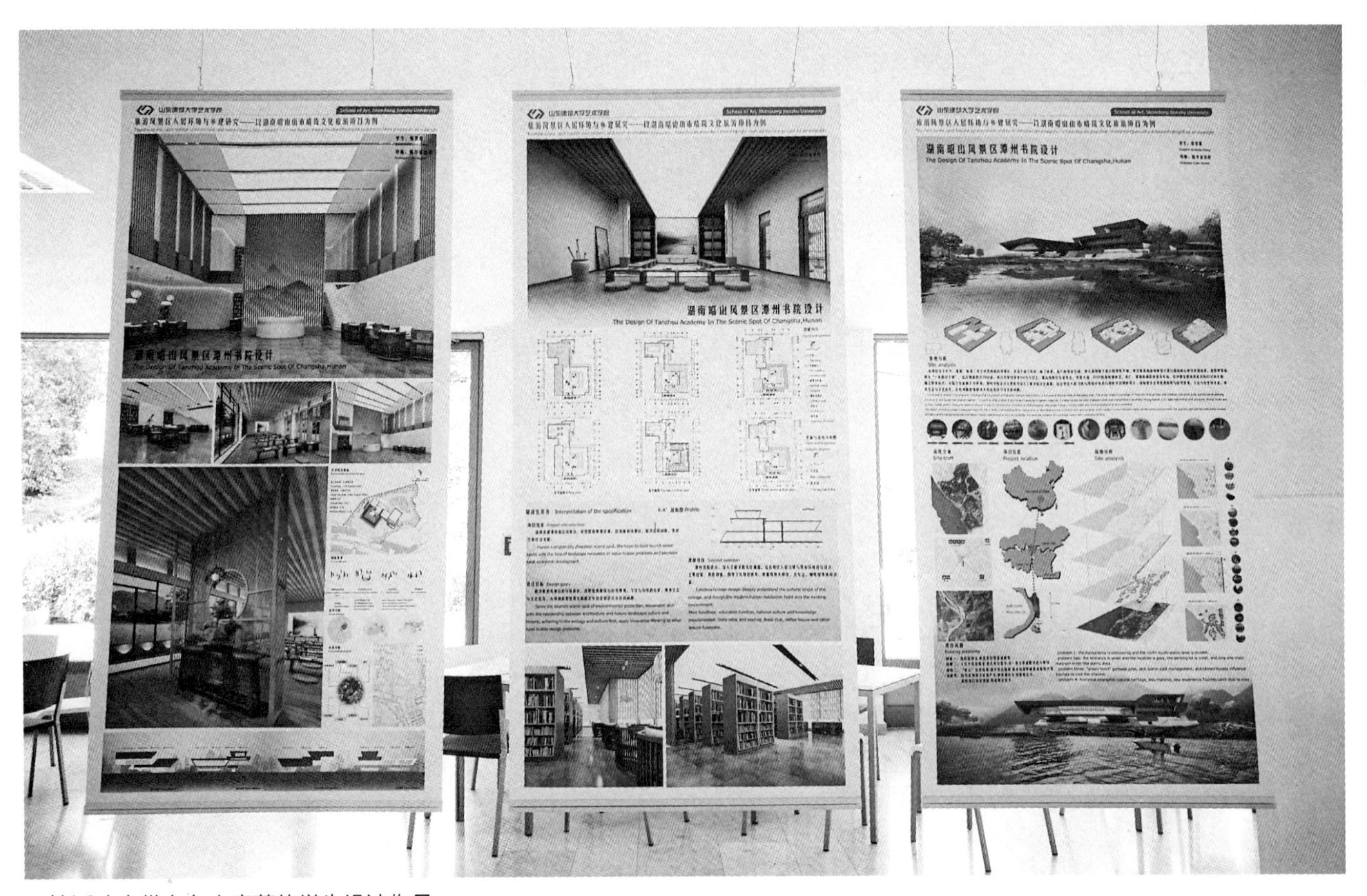

四校活动中带有东方意蕴的学生设计作品

在日常的设计教学中，教师们经常谈及“设计构思”，鼓励学生进行创意构思，却往往忽视了设计思维及设计方法的系统训练。然而单纯追求形式创新就像无源之水，对创造性思维能力的培养才是创意的真正来源。研究性设计教学的理念正是通过对思维和设计方法的理性引导，培养学生系统、完整的逻辑分析及推理能力。在研究性设计的教学中，教学的过程包括几个方面：

设计课题选择贴近社会，注重时效性和前瞻性，将生活中一些普遍存在的问题或社会热点问题融入设计题目中，引导学生去关注当代问题，在对设计问题的研究求解中展开设计，激发创造性思维的同时也培养学生的社会责任感。

设计前期要求学生从对场地进行实地考察和同类型项目进行调查出发，搜集、整理、分析与解释所发现的问题，并以特定问题作为设计的出发点，提出设计策略与概念，培养学生的问题意识和自主分析能力。

设计方法上注重案例分析。世界上许多杰出的设计师，都有自己独特的设计哲学，引导学生对这些设计师及其作品进行意象和构图的图解式分析，有助于对设计的理解和学习，拓展出更多的设计研究方法。

在设计过程中，要求学生专注于设计问题的合理解决与设计过程的逻辑发展，以理性分析贯穿形式生成的过程。通过分析设计对象与周边环境的关系来生成建筑的大致形态，用系统的、有逻辑关系的形体处理方式循序渐进地推演出解决策略。

设计内容上，要求学生对每个环节进行仔细推敲并加入建筑技术的应用，使设计思想的表达建立在技术实现的基础上，培养学生的技术应用能力。

设计的最终成果不再限于平、立、剖、透视这些图纸，而是鼓励学生通过图解的方式表达设计概念的发展过程，将原本不易感知的设计推导过程用图示或其他的方式有步骤地展现出来。

互联网时代，丰富便捷的网络数字资源为学生提供了更高效、便捷接触知识的机会，各种环境设计的案例和不同的设计理念都能及时了解，教师应积极的转变思路，以思维的拓展来代替知识的传授，引导学生主动探索，帮助和指导学生对信息进行收集、分析和判断。借助研究性设计的教学，建立一套传授设计观念和方法的教学方法，把设计教学从单纯的传授设计方法和知识转变为设计新概念和新方法的应用场所。此外，随着国力的不断强大，文化回归也是趋势，东方的审美和文化精神会越来越多地体现在设计中，因此在教学中还应引导学生关注传统文化和历史，鼓励学生通过设计将传统文化理念与现代生活方式相结合。

五、4×4实验教学课题

“四校四导师”实践教学活动迄今已坚持了9年，由最初的4所高校参加发展到了今年的16所中国学校和匈牙利佩奇大学。2017年4×4实验教学的课题是旅游风景区的环境保护和宜居性设计，课题的选择具有时效性、前瞻性、研究性、多元性和创新性。与往年不同的是，今年参与活动的基本都是在读研究生，因此更强调培养学生前期调研、数据分析和理论研究的能力。课题项目任务书的制定较为宽泛，要求学生在实地调查与分析研究的基础上，分析环境特点，找到存在的问题，细化研究课题，通过对风景园林和建筑空间设计理论进行研究，提出有价值的理论和可实施设计的方案。

从课题的成果来看，学生们通过三个月、四个阶段（实地调研、开题答辩、中期答辩和终期汇报）的学习与实践，对自己在场地中发现的问题进行了系统的理论研究，形成了2万字以上的研究论文，并从现实矛盾中寻找创作灵感，提出了独特的环境和建筑设计方案。

作为一种新的具有试验性质的教学活动，“四校四导师”改变了传统的、封闭的教学模式，打破了高校间的隔阂与壁垒，实现了高校之间以课题为基础的研究型教学。在这个教学平台上，来自不同高校的老师、学生和设计师共同营造了一种交流与交融的学术氛围，相互借鉴、互相学习。不同的教学理念和多元化的思考方式，充分调动和激活了学生的主动求知欲，获得了超预期的教学效果，也促使参与其中的青年教师从更高的层面重新思考专业发展和个人能力提升。

此外，活动提供的国际交流机会，也为青年教师和学生提供了继续学习的机会，作为其中的受益者，在此感谢活动的组织者王铁教授、张月教授和辛苦付出的诸位指导教师，感谢对我帮助良多的段邦毅教授。

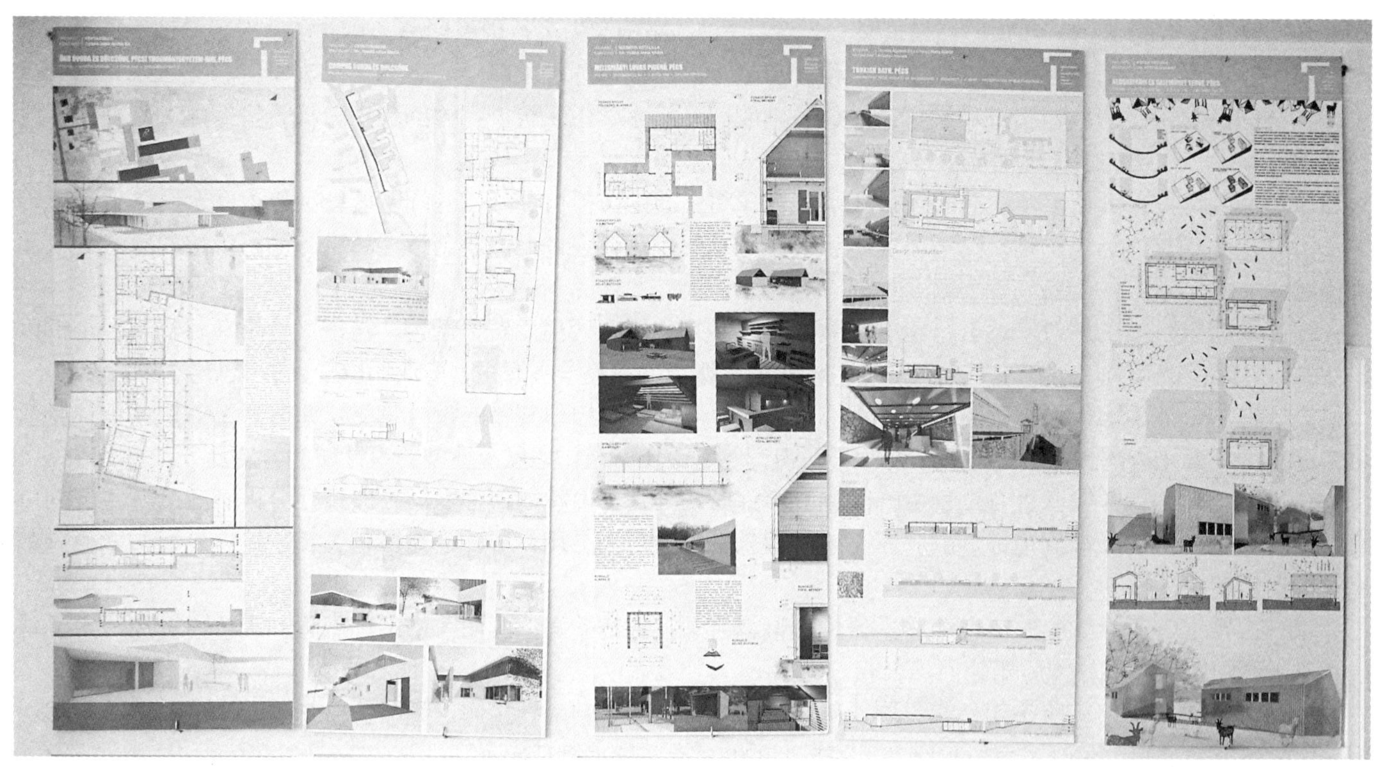

佩奇大学建筑设计课程学生作品

四校四导师活动的主要组织者：王铁教授（左一），Pro. Dr. Bachmann Bálint（左三），张月教授（右一），彭军教授（右二）

参考文献

[1]王铁主编．踏实积累：2016创基金四校四导师实验教学课题中国高等院校环境设计学科带头人论设计教育学术论文[M]．北京：中国建筑工业出版社，2016.
[2]周韬，鹅饲哲矢．艺术工学视野下的建筑设计教育——以日本九州大学艺术工学部环境设计学科为例[J]．艺术与设计（理论），2016(12):149-152.
[3]丁玉红．基于创新人才培养的当代建筑教育探议——伦敦AA 建筑学院的启示[J]．中外建筑，2010(07):58-61.
[4]刘利刚．对风景园林学科建筑设计教育的思考[J]．风景园林，2014(05):152-157.
[5]崔艳，洪艳．提高学生社会适应性的建筑学教学探索[J]．华中建筑，2010(06):178-179.
[6]童慧明．膨胀与退化——中国设计教育的当代危机[J]．装饰，2008(04):56-63.

“乡·建”·“相·建”

“Build of Site Investigation”·“Rural Architecture”

西安美术学院 建筑环境艺术系 周维娜教授
Xi’an Academy of Fine Arts, Department of Architecture and Environmental Design
Prof.Zhou Weina

摘要：提出以“相·建”为基础的“乡·建”人居环境共享的生存模式。也是遵循4×4实验教学课题久已有之的共识——设计指导缘自科学技术与艺术表现的结合，综合理解建筑构件与艺术设计的相关知识体系，强调设计存在“有序性”理念。环境设计学科对乡建的科学意义在于教学中导入环境与建筑形态之间的生态关系，以及与人类的生活行为模式的紧密关系，强调设计对资源索取之后的合理回归，通过设计的切入将资源与个体进行综合的过程，使生态资源平衡与自然生命体（包括人类及之外的他生物）达到互为依存、互为作用的平衡关系。

关键词：乡·建；相·建；人居环境

In this paper, the living environment of “xiang jian” based on “phase · construction” is proposed. Also follow 4 x4 - has long been established experimental teaching task of consensus guidance design derived from the combination of science and technology and art expression, comprehensive understanding of knowledge about the design of architectural art and artifacts for the purpose, emphasizes the design concept of “differentiation”. Environmental design discipline to import township to build scientific significance lies in the teaching environment and the ecological relationship between architectural form, as well as the close relationship with human life behavior model, emphasis on the design to claim after a reasonable return for resources, through the design of cutting process of the resource and individual comprehensive, the balance of ecological resources and natural living organisms (including humans and outside his biological) reach the balance of interdependent and mutual effect relation.

Keywords: Human Settlement

引言

乡建似乎成为城市人群共同集合向往的隐逸山水之间的竹林矮舍表征，成为集体意淫的想象的田园化的天空之城，在实体发展的想象空间中乡建被剥离且背道而驰，此种乱象成为欲壑难填的地域建筑文化之殇。“乡·建”不如“相·建”这样题目的设定是一种立场与态度的亮相。在美丽乡村如火如荼的建设中，网络铺天盖地的描摹着美丽乡村的未来图景，全国各地特色小镇纷纷崛起，泡沫现象裹挟着泥沙俱下的新型乡建快速发展，凭空催生出多形态的地方特色建筑样式，面对社会的自运营独角戏，不知要唱响到何时才能意识到始作俑者所带来的地域建筑文化的倡衰。在这样的社会集体意识下对乡建的探讨成为社会业界的共识，4×4创基金实验教学也是基于人居环境与乡建纵深的话语权的思考。

一、乡·建与相·建

“乡·建”广义理解是长期以来地域民居建筑的营建行为，狭义理解当下乡建的是“异军突起”，主要是社会城市机能发展衍生下的必然，本文以讨论狭义的微观乡建为契机，更大范围地深入展开广义的环境美学探索。城市的快速发展使城市与乡村的差距日益显著，且城市的有机发展像疯长的巨人日渐肿大，城市中的主角面对这架庞大的机器，人类好似蝼蚁般行迹于城市的边边角角，城市尺度超出了恒定不变的人类生活尺度，生存环境日益恶化，生态环境无从谈起之时，事物必然向两极发展，尤其在超负荷快节奏生活着的我们，越发有一种哪怕是暂时逃离的酣畅，乡建成为城市发展无可替代的补给品，抑或被称之为生活中奢侈品而竞相择之，专家的呼声、政策的引导，资本流向似乎使乡建成为一夜的新生儿备受瞩目。进入视野范畴的现象在定量与决策中，渐渐行进于保护、规划、发展和无序组织的状态中。

众多嘈杂的声音中也需要我们去辨析那最纯正的声音，乡建蕴含着历经千年的地域建筑文化，各类建筑物都与人们的生产生活方式紧密相关，大到城邑、府衙与苑囿，小到宅院的选址与营造。中国的相地术正是中国传统建筑营造活动的法则，“以身为度”的中国传统建筑在选址规划之初往往以形就势，有机结合自然的地形地貌形成有规模的建筑组群空间。中国的建筑营造有一定的量化标准，如今古为今用却要另当别论，建筑材料的变化使得建筑的传统模数发生了质的改变，因此就乡建而言其相地而建更符合如今生态环境之说。由于传统五四运动以后，相地之术被划分在迷信范畴，而丧失其营造意匠之本源，如今不是要为其正身，而是沿于古道理解建筑与自然人文景观之间的有机组织的发展特性。

“相·建”在本文中的“相”是堪舆说的相地之术的本意，“堪舆”的原意是勘察土地与预测，即为相地和占卜之意。因此，此处“相”之意为置建筑于安全合理有生气之地，且有“以貌取人”之说，地貌自是也有舒缓险峻之选，对自然环境的选取是“观”之后的判断，是基于美学的功利性遵循决断，功利性是对宜居的自然状态的考量，尊重自然、顺应自然、补充自然，这三者的关系充分说明人与自然的特殊关系。基于“相·建”概念基础上的“乡·建”必然是符合环境科学和环境美学的营建特性。

二、乡建与地域建筑的血脉之源

乡建的地域环境特性历来都以宜居宜民为上，功利性的考量是营建之首，当下的乡建决断多以建筑与环境的“景观”为出发点，深思景观无非为“观景”之用，中国传统的营造之术自古都是考虑建筑的功用之法，对自然环境的保护更是尊崇加政令，皇家每年的五岳瞻礼；历来颁布的针对打猎、采伐、开凿的系列禁令，虽然有一些禁令如禁摄令更多是皇家皇权特权阶层的施令，但是客观层面在早期实施环境保护中起到宏观疏导作用。在这样的大格局中，乡建的地域建筑营造行为与自然地形地貌必然是以适宜顺应而为之，正如吴家骅对当下建筑师所言：“建筑的设计不是从地方化到建筑的政治化，更不是从干打垒到大跨度钢结构的认知”。在顺应自然地形地貌的的基础上，所形成的地域建筑的生态特性，一定能体现生活的行为状态，建筑的形态与其功能行为相辅相成，当地域建筑以群体聚落生根，其复杂的公共组团空间自然衍生生成。在中国传统造园中有相邻之说，也称卜邻。卜邻包括相地周边的构筑物和自然山水，也包含周边的地理位置条件。俗语“百金买宅，千金买邻”强调对周边环境的地形地貌、林木植被以及远近景的搭接关系，充分反映出傍山临水、交通便利、生态环境等因素皆为聚落选址发展的首要因素。相建与地域建筑的血脉之源历来已久，它具有一定的科学性，在常态中甚至作为生活经验被延传至今，那么作为今天的乡建是否能客观地认识乡建与相建的关系是未来城乡发展重要的共识点。

当下城市发展趋势在于城市蔓延——由中心城市向周边郊区扩散形成的低密度、依赖交通出行、单一功能社区。而中国城市的蔓延特性由于人口结构密度与欧洲不同，显示为相对的高密度、杂乱无序的城郊现状。张永和认为城市蔓延的实质是城市的“郊区化”。笔者认为在此的郊区化需要一分为二来看，中国现状的郊区与城市接壤过于紧密，生活机能的丰富性远超欧美的单一居住型的郊区社区。如何将城市的发展血液自上而下地循环于乡镇是未来重要的研究课题，而不仅仅是城市人口猎奇与乡村匆匆的脚步。当然这种城市蔓延至郊区结合地域乡建的发展也可谓形成目前倡导特色小镇的重要原因之一，但其性质完全不同于地域自身发展中的自我构建、自发营建。陶渊明的田园诗早将历史重现，《归园田居》中“久在樊笼里，复得返自然”、“阡陌交通，鸡犬相闻，有良田美池桑竹之属，”此情此景已成为城市山水田园都市理想的生活彼岸。“久在樊笼里，复得返自然”是城市病态的真实状况，是催生“乡·建”向前涌进更为有力的背后推手，因此倡导田园居的“相·建”也是未来“乡·建”人居环境共享的生存模式。

三、乡·建与相·建之间的有机秩序与行为功能

乡建的营建应注重其特有的地域建筑形态，以及现存的地域尺度体量的有机秩序。附加商业行为功能的介入，应避免城市中拥堵不堪过度集中的空间状态。以“相”为建前提下的原生格局、街、巷、院落及公共用地等自然空间形态的有机秩序定是现有模式均衡的状态。诸如新疆等地由于干旱少雨的气候条件所形成的开放与封闭围合鲜明的建筑组群形态，滇西南建筑为适应湿热的季风气候更多为散点式以利于通风，黔桂一带的苗寨与生活

新疆传统地域建筑群

黔桂一带的苗寨

习俗紧密相关而以高大鼓楼的广场围合形成整体聚落的核心，华北地区则主要以较为典型的四合院为城镇发展的基本单元展开。因此，地域建筑聚落有其独特的行为秩序与功能的叠加关系。

1. 地域建筑聚落的有机秩序性

建筑格局的秩序往往依照建筑主干道路的路网形成丰富多样的空间格局，尤其在建筑道路交叉段会将建筑分成不同的区位，形成带状空间，使空间层次重叠更为丰富；特殊的山地聚落建筑取舍关系与地势相呼应，主要解决建筑与地势等高线和居住朝向的生活行为问题，建筑根据密度的不同在视距效果上达成远中近的建筑层级，形成建筑的轮廓曲线与地势相迎合，具有强烈的节奏，特殊之处在于山地有山脊与山坳的建筑格局秩序，加强了由低到高纵向变化之外的横向变化，格局更为灵活生动；相对城市的周边村镇通常为散点式布局聚落，形成聚落组合的经线与纬线的空间交织，利于空间的自然通风，同时形成错落有致的空间布局；还有部分特殊的聚落秩序表现如临水而居的建筑会沿水系错位蜿蜒排布，窑洞聚落依山崖毗邻而建或形成地坑窑院的特殊形式等等，但地域建筑聚落基本不会跳出以上空间格局的形式。

街、巷、院落在自然聚落的布局中分化层级，其秩序性依然融于其间，街的特性不同于城市的功能强大，更多在与其的交通枢纽作用，建筑与道路的层级关系停留在“旧时茅店社林边，路转溪头忽见”的自然协调之中，街、巷和院互为结合，组织出形态各异的道路空间，街道的空间限定来自于建筑的错落关系。街道的宽窄、巷道的曲折、街面的弯曲、道路的高低变化、街道交叉界面的多样、沿街立面的错落起伏和街道轮廓线变化等，都充分证明了街、巷和建筑组群的秩序性表达。

2. 生活行为模式与建筑聚落有机秩序层级的关系

以巷为生的街区生活模式成为聚落的灵魂，幽深静怡的巷道以多网路树状结构联系着村级道路，在相对封闭狭长的空间中延伸，单一狭长空间的巷道在沿街山墙的纵横交错中形成丰富的建筑天际线；实体巷道在空间中因不同建筑的互相让位而产生复杂多变的生存空间，使行进在悠长中变得更有山回路转的意趣；同时巷道的近距离尺度，使高耸的天际成为视觉的追逐点，便是“天上无心云相逐，巷内恒生意悠然”的点滴之乐，并且人们行进在私密的院落与公共性逐层递减的巷道空间中是开放与私密的对话，也是自然物化空间与限定性空间的对话，正是无数次的出入于熟悉的生活空间中，使聚落空间产生出独特的空间魅力，其所存在的有机秩序性是当下大型社区无法与之相对的鲜活画面。

贵阳苗寨村寨

通过地域聚落的有机秩序与生活行为模式的分析，

长沙云母山的铜官老街周边村落

意识到未来乡建的发展应以“相·建”作为有机秩序的延伸和生活行为模式的升级为发展的核心，以自然物相为尺度，实体空间感受为真知，创造性结合合理的、科学的、技术的媒介为发展前导。

四、4×4环境教育设计联盟联合教学的社会认知

4×4创基金实验教学第九期以人居环境与乡建为主题的设计主导，是在当下丝绸之路的社会大构架下，开展的地域建筑实验设计教学联盟。遵循以“求创新、助创业、共创未来”的创基金使命，主题内容通过长沙昭山的实地项目，解读实验教学联盟倡导的人居环境设计与乡建。

历史上昭山晴岚有米芾所绘“山市晴岚”图而著名，写尽了昭山“山市晴岚”烟雨碧波、晴空朗翠的传神描绘。山长水阔草色空蒙的昭山之景尽显资源优势的地缘特色，在未来的城镇发展路径中给出其独特的文化地脉。通过实地考察昭山项目现状和当地云母山的铜官老街和周边村落，能从建筑布局上发现当地民居建筑依山就势而建，符合乡·建聚落建筑的有机空间秩序分析原则，且建筑形态在地域范畴中受巴蜀文化和新安文化的影响，建筑形态格局既呈现出皖南民居高耸、朴素、淡雅的特点，同时又具有巴蜀文化散居的聚落特征。因此，在文化圈属的范畴之内，地域建筑形态处于流变演绎之中。曼奇尼说：“为了适应新的需求，设计专家必须重新设计自己的生存方式和工作方式。”而地域民居以非设计师的建筑也秉持了这一特点，总是能够结合地域的地理气候、地貌特征、生态文化和生活行为模式，延续出具有地域文化特色的地方建筑。结合国家培养优秀人才的核心发展战略，通过搭建名校名企实验教学平台，立足于研究人居环境与乡建这一设计主题，从设计理论、文化源流、地域特性等方面切入，展开多样性的设计选题模式，以达到社会认知层面的社会共识。设计案例结合地形条件，使用地方材料，营造出丰富、自然的室内外空间环境，以地域文化传承为媒介，并在考量自然通风采光、地形变化和保温节能等方面独具匠心，用适用技术达到了节能和环保的生态人居要求，同时注重昭山文化的地脉，诸如昭山安化黑茶、昭山画院等设计选题。以研究自然生态为设计基础，展开科学性地域建筑研究，使实验教学活动始终处于科学的、理性的、艺术的可行性范畴。

参考文献：
[1]张永和，尹瞬．城市蔓延和中国[J]．建筑学报，2017.08.
[2]欧阳勇锋，黄汉莉，和太平．相地为先的乡村景观设计[J]．中国园林，2008.07.
[3]周为．相地合宜构园得体——古典园林的选址与立意[J]．中国园林，2004.12.
[4]王铁．踏实积累——2016创基金·四校四导师·实验教学课题[M]．中国建筑工业出版社，2016.11.

2017创基金（四校四导师）4×4实验教学课题
“旅游风景区人居环境与乡建研究”实践·教学研讨会

2017 Chuang Foundation · 4&4 Workshop · Experiment Project
Practice and Symposia of “Tourism Scenic Area Living Environment and Rural Construction Research”

前期调研·湖南昭山

时　　间：2017年04月20日
地　　点：湖南长沙
课题性质：公益自发、中外高校联合、中国建筑装饰协会牵头
资金来源：创想公益基金会
实践平台：中国建筑装饰协会、高等院校设计联盟
教学管理：4×4（四校四导师）课题组
教学监管：创想公益基金会、中国建筑装饰协会
导师资格：具有相关学科副教授以上职称，讲师不能作为责任导师
学生条件：硕士研究生二年级学生
指导方式：打通指导，学生不分学校界限，共享师资
选题方式：统一课题，按教学大纲要求，在责任导师指导下分段进行
调研方式：集体调研，邀请项目规划负责人讲解和互动
课题规划：调研地点在湖南，开题答辩在青岛，中期答辩在武汉，终期答辩在匈牙利佩奇大学举行
主 持 人：湖南省建筑设计研究院景观院长　王小保

研讨会现场

中央美术学院博士生导师、建筑设计研究院院长王铁教授：

我们“四校四导师”最初是在四个人一拍即合的情况下成立的实验教学课题组。要在教学大纲完整的基础上进行教授治学，强调的是要有知名企业、知名的院校加上行业学会，共同努力完成教学。

清华大学美术学院环境艺术设计系主任张月教授：

这个交流活动能够继续多年对各个学校都有一定的补充，对于我们学校来是说也是我们自己的教学体系的一种补充。该项目的主题是为解决当下的乡村建设中乡村的实际问题，选题的切入点有很强的实际意义和价值，乡村景观的组成部分包括乡村建筑及聚落，乡村农业产业所形成的林业、农田等景观，乡村自然景观这三部分。乡村景观在人口迁移的全球网络空间下，该如何发展，怎样解决乡村景观对于农村民生的改善，这是值得深思的问题。

王铁教授发言

张月教授发言

天津美术学院彭军教授：

从我个人来讲有几个体会，首先一个就是它打破了传统高校的教育模式；其次，通过这个教学使企业对学生的直接了解和认知有长达一个学期的时间。

山东师范大学段邦毅教授：

四校四导师这个教学实验活动在我们当代应该说是一个传说，这个活动感觉最大的一点是打破了原来高校的单一教学模式，学生在交流中互补，在专业上各展所长，教师在岗位平台上教学方法互动、学科前沿信息互动，为探索新一轮的教学改革走在了前面，这是一个很好的契机，一个可以为国家培养更多人才的机会，是学生和教师学习成长的平台，它见证了我们的成长。

湖北工业大学郑革委教授：

该项目的探究视角从单纯的乡村居住建筑，转变为对乡村产业建设及改善村民生活、生产、生态的关注，我国的乡村建设运动从19世纪20~30年代开始的，梁簌溟提出我国国家之复兴在于乡村建设及乡村教育的复兴，我国是农业为基础的国家，建国初期“大跃进时期”国家发展转向工业发展，导致农村人口大量流入城市，到“文化大革命”时期，为了缓解就业和城市发展压力，提出文化下乡，城里人到农村学习锻炼，随着改革开发的发展，大量的城镇工程建设吸纳了大量的农村劳动力，加之农业及农村的补给不到位，农村人生活越加困难，2001年国家提出解决“三农问题”，全球经济及工业化的发展进一步刺激了城市化的发展，农民人口流动从城镇到城市再到超级大城市形成了单一的发展模式。改革开发的这些年大家关注城市化发展的内容远远超越乡村的研究，导致了乡村建设的研究同乡村的衰退状况一样凋败下来，现在我们要重拾乡村的特色和发展契机，该课题提供了充分条件，让我有这难能可贵的机会，所以我们一定要深入地、切入主题地研究问题。

山东建筑大学陈华新教授：

我们的课题提供了一个机会让老师和学生都参与到乡村建设中来。乡村景观与城市景观相对，城市是空间密度、人口密度、工业化高度集中的场所，城市景观中的建筑文化在其中起到重要作用，而园林绿化在城市景观中起到了调剂和缓冲的效果，暂时地满足了城市人的休闲需要，相较于乡村景观，其突出优势是生态环境，安静田园的状态也是城市常态化的稀缺品。营造好乡村环境、保护好乡村环境的城市化，这是很有意义的一个课题。

吉林艺术学院刘岩教授：

乡村建设发展和城市发展要相互协调，城乡一体化模式，城市反哺乡村，成为当下国家发展的主要方向，传统的乡土建筑在文化保护和传承上要谨慎对待，单纯的文化保护与抢救性保护是有区别的，乡土建筑的符号化不能作为文化传承的表象，我们要正确看待保护乡建的必要性和必须性。

湖南省建筑设计研究院景观院长王小保设计师：

城乡差距问题，不仅仅是地域问题，从人们的心理认同上看，这也是早有的现象，“文化大革命”以后知识分子纷纷从农村返回到城市，很少会留在农村，再有改革开放以后进城务工的都叫农民工，把工人分成不同的等级：白领、蓝领、灰领。人们心理的认同差异性是现实物质经济的一个反映，但是农民在国家改革振新的发展中，经济危机转嫁中做出了重大的牺牲，这种隐性因素往往被忽视了，在乡村建设的发展中要能让人们投入到乡村建设上来，首先心理上要转变思维。

广西艺术学院陈建国教授：

围绕着课题大家都说了很多，在乡村建设的问题上，我们的课题要扎实调研，了解地区情况及国家发展方向的同时，我们的项目方案要对地方的发展起到指导作用，传统的乡村面貌不能再复制，但是乡村的都市化是历史发展的必然，发挥乡村景观独有的特色和可持续发展的产业，吸引更多的城市人来消费、投资，拉动农村人的经济发展水平。

匈牙利佩奇大学阿高什教授：

调研是研究生阶段必须掌握的基本研究能力，我们课题的调研要带着问题来调研。不是单纯的基础调研，而是就文化的、社会的等问题的调研，我们课题组要解决的问题要尽可能全面，大家解决的问题要在社会文化的系统里面。

研讨会现场

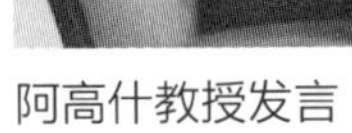

阿高什教授发言

王小保院长发言

周维娜教授、郑革委教授在座谈会现场

2017创基金（四校四导师）4×4实验教学课题
“旅游风景区人居环境与乡建研究”课题调研活动流程安排

承办单位：湖南省建筑设计研究院景观设计所、中南大学

2017年04月20日，星期四				
时间	项目	地点	详情	备注
13:00	师生集合 报到地点	同发大酒店 长沙市天心区芙蓉中路二段116号	中午13:00接待 特别提醒： 1. 由各校导师组织各自学校师生按时到集合地点 2. 由各学校责任导师向工作组报到人数	负责接待老师： 陈翊斌、 许蕊 负责路线： 殷子健 负责房间分配： 赵静静、 孟倩男、 陆婷
17:00	晚餐	老谭	导师聚餐	
20:00	导师工作会	湖南省建筑设计院 芙蓉区人民中路65号（二楼会议室）	参会人员： 全体导师 会议内容： 目考察的分工合作 主持人：王铁	全体导师
2017年04月21日，星期五				
时间	项目	地点	详情	备注
07:00	早餐	同发大酒店	8:00由殷子健接待前往湖南省建筑设计院二楼会议室	
08:30	会议	湖南省建筑设计院（会议室）	“旅游风景区人居环境与乡建研究”动员会（全体师生参加） 主持人：刘诚（文旅所长）	天下凤凰文化旅游投资有限公司 副总：戴成桂 下午参与

2017年04月21日，星期五				
时间	项目	地点	详情	备注
			会议内容： 1. 介绍参会嘉宾 2. 嘉宾致辞 主题介绍 3. 项目介绍 4. 后期工作安排	昭山风景区 主任：肖钦 下午参与
11:30	午餐		自行解决	
12:30	出发	昭山	湖南省建筑设计院集合	大巴负责人： 赵静静 带队：刘诚
17:30	集合	返回酒店		
2017年04月22日，星期六				
时间	项目	地点	详情	备注
07:00	早餐	同发大酒店	08:20酒店大堂集合，乘坐大巴	大巴负责人： 赵静静
08:30	出发	铜官	查看项目地址，进行实地调研	王小保带队
12:00	午餐		自行解决	
17:00	集合	铜官		
18:10	晚餐	盛世芙蓉	导师聚餐	
2017年04月23日，星期日				
时间	项目	地点	详情	备注
07:00	早餐	同发大酒店		
09:00	返校		办理酒店退房	

2017创基金（四校四导师）4×4实验教学课题
“旅游风景区人居环境与乡建研究”课题

2017 Chuang Foundation · 4&4 Workshop · Experiment Project

A Study on the Problem of “Tourism Scenic Area Living Environment and Rural Construction Research”

开题答辩 · 青岛理工大学

时　　间：2017年06月12日

地　　点：青岛理工大学市北校区

课题性质：公益自发、中外高校联合、中国建筑装饰协会牵头

资金来源：创想公益基金会

实践平台：中国建筑装饰协会、高等院校设计联盟

教学管理：4×4（四校四导师）课题组

教学监管：创想公益基金会、中国建筑装饰协会

导师资格：具有相关学科副教授以上职称，讲师不能作为责任导师

学生条件：硕士研究生二年级学生

指导方式：打通指导，学生不分学校界限，共享师资

选题方式：统一课题、按教学大纲要求，在责任导师指导下分段进行

调研方式：集体调研，邀请项目规划负责人讲解和互动

课题规划：调研地点在湖南，开题答辩在青岛，中期答辩在武汉，终期答辩在匈牙利佩奇大学举行

主 持 人：青岛理工大学艺术学院　谭大珂教授

全体师生合影留念

6月13日，2017创基金4×4实验教学课题（旅游风景区人居环境与乡建研究）在青岛理工大学顺利开题。中央美术学院博士生导师、建筑设计研究院长王铁教授，清华大学美术学院环境艺术设计系主任张月教授在内的国内外30多位导师代表和16所国内外院校研究生参加了课题开题活动。

2017创基金4×4实验教学课题暨2017第九届中国建筑装饰卓越人才计划奖活动由创想公益基金会赞助支持，由中国建筑装饰协会设计委员会主任、中央美术学院建筑设计研究院王铁教授主持，青岛理工大学艺术学院、清华大学美术学院、中央美术学院建筑学院、天津美术学院设计学院、匈牙利（国立）佩奇大学等16所国内外知名大学师生和中国建筑设计研究院、北京清尚环艺建筑设计研究院、苏州金螳螂设计总院、青岛德才集团、中国建筑装饰协会等知名企业共同参与，围绕建筑与人居环境"旅游风景区人居环境与乡建研究"为主题，就建设中的规划设计问题开展讨论与交流。这种多校联合、校企联合、跨地域学术交流平台的打造，成为设计学专业实验与实践教学环节的突出特点。

论坛在往届的回顾历程中拉开序幕，青岛理工大学艺术学院院长谭大珂教授介绍了与会专家并对各位的到来表示了衷心感谢，青岛理工大学党委副书记杨向荣教授致开幕词，他对本次活动的意义和重要性给予了充分的肯定，他表示，1+N教学模式的改革充分贯彻了中央所倡导的全国教育综合改革，开辟了之前所没有的教学模式，对提高学生综合素质和我校综合育人能力有着重要意义。

青岛理工大学党委副书记杨向荣教授：

4×4实践与实验教学具有十分重要的意义，活动开始至今，顺应综合改革的方向，推动了1+N教学模式的改革，1+N教学模式的改革充分贯彻了中央所倡导的全国教育综合改革，开辟了之前所没有的教学模式，对提高学生综合素质和学校综合育人能力有着重要意义。4×4实践与实验教学使得教学资源共享化，师生获益匪浅，希望同学们能够学以致用，与老师们共同进行专业群的建设，提高学生的综合能力。预祝开题顺利。

中央美术学院博士生导师、建筑设计研究院院长王铁教授：

活动自开始今年已是第九年，课题由国内诞生到今年在匈牙利接替，真正做到了走出国门，同时也为中国建筑行业前50强企业送出了大量优秀员工，这离不开师生们的共同努力，最终希望所有的老师记得"学生的美好未来是所有老师的共同追求"。

颁发聘书

清华大学美术学院环境艺术设计系主任张月教授：

感谢青岛理工大学为开题活动提供了良好的环境，青岛地区气候宜人，来到校园更是能感受到由师生所共同营造的良好学术氛围，给老师同学的共同交流提供了良好环境。充分肯定了各位同学在短时间内对课题的研究，有一定的深度和个人理解，能够从自己的角度分析与探讨问题，但是研究程度有待提高。提出以下几点问题希望各位同学能够做得更好。首先是讨论问题要有逻辑性，要从设计对象梳理信息与理论；其次，要注意在研究过程中，研究与设计的关系，要充分了解理论与功能；再者，设计要从研究对象出发，讨论问题要与设计有关，研究表达形式要与问题相关，要时刻讲究研究性。

四川美术学院科研处处长潘召南教授：

联合培养十分有意义，现有的教学体系是使教学力量结合，使同学们能够在实践中找到有效的学习方法。要知道，项目要在具体设计和具体实践中找到研究方法，不能够颠倒顺序；设计要有逻辑性与规范性，所谓规范，不是束缚与约束，而是要讲究设计逻辑的规范性、理论性。

专家学者颁发聘书这一环节，青岛理工大学副书记杨向荣教授为实验与实践教学课题的国内外重量级嘉宾谭大珂教授、王铁教授、张月教授、彭军教授、阿高什教授、冯苏女士等各位与会专家颁发聘书。

创想基金会秘书长冯苏女士：

在创基金的发展过程中，一直以来致力于人才培养、设计研究教育和文化艺术的项目资助。已为四校四导师活动提供资助三年。同时，创基金奖学金计划为优秀的青年设计师提供资助，包括奖金与游学活动。更加希望更多的有想法、有能力的年轻人加入到活动中来。

在接下来的答辩过程中，来自各高校的同学们根据自己的选题内容进行了细致的分析汇报，表现不俗。

答辩尾声清华大学美术学院环境艺术设计系主任张月教授对青岛理工大学为论坛的召开提供了良好环境表示感谢，他感言学校良好的学术氛围离不开师生的共同努力。最后，王铁教授总结发言，希望师生共同努力，科学地提取主线，把握脉络，在下一步的工作中，贯彻落实国家政策，全面综合地考虑问题，将设计落到实处。

王铁教授与张月教授为责任导师颁发聘书

各院校学生汇报及导师点评：

1. 中央美术学院建筑学院 孙文：

段邦毅教授点评：听孙文同学的报告，我感觉这事挺好，这个论文首先要有问题意识，孙文同学的这个问题很尖锐，在当下，对国民的乱象做了一些阐述，我觉着下一步，在这个理论上，论点要鲜明，要建立一个什么样的观念，理论上要有集中性。

潘召南教授点评：请问下这个学生，孙文是学硕还是专硕?

孙文：学硕。

潘召南点评：那么作为一个学硕的选题，我觉着你应该还要强调一下相关的理论成果，即文献综述方面，对于一些好的文章在观点和理论构架上进行一些了解，特别是在建筑方面，要对这个领域方面研究的成果做一些梳理，然后在前人的基础上，我们才能做到更大的进步。然后，这样可能会帮助你在下一步的理论研究上，做出更好的亮点出来。总的来说，看到你这个汇报，还是比较深入的，而且你选题也选得比较好，因为这个现象是在我们当今比较突出的问题，但是突出的问题没有好的办法去解决，那么方法从哪里来? 我觉着眼界可以更宽一些，可以先了解一下在这个领域里面好的一些东西和成果，在这个基础上，思考有什么启发，会对你有很大的帮助。

2. 四川美术学院 王丹阳：

彭军教授点评：这个同学对整个审题和设计都有深入的研究和思索，我注意到你的选题是小尺度的商业空间街区研究，在你前面概论的介绍有几个不同的概念，比如说提出城市的大尺度的空间、特色空间等等，感觉对自己研究点有些混乱，有一些概念上的问题，你目录那页我快速地浏览了一下，你提出的小尺度要进行一些论证，但是你的目录里并没有提到小尺度的概念阐述。选题设计都有思索和较深入的研究。

王铁教授点评：方法论是文体的框架，设计是为论文佐证，引用要消化成自己的，需要逻辑梳理，论文要有实践指导意义。

3. 天津美术学院 李书娇：

汤恒亮副教授点评：这个地方传承性弱一些，很难找到一个点来找它的传承性，从空间经济这一块来切入，我觉着是很好的一个点，你的困难在于原始资料的调查和查找，对昭山区域相对欠缺，可以寻找其他的方式来佐证资料的收集，加入一些相关的历史文化，你可以从国家政策入手，我个人建议，在个人空间研究的基础之上，最好是把人放进来。

4. 广西艺术学院 陈静：

陈华新教授点评：前几个同学都是从实体调研到人文环境或一些物理的因素，做得非常多也非常深入，我觉着是很好的，但是每个同学要不一样，要突出自己要做的主题。现在这个研究生的论文很规范，大家都掌握得很好，但是有点面面俱到，要和自己的选题切合度高一些，不然大家的调研有些相似。在汇报的过程中，前面的比重都占得特别大，比例关系自己要区分一下，对主题的表述要多突出一些，其他就抓住重点概括一下，总体来说是不错的。

郑革委教授点评：设计的方面来说，感觉你也是没有一个主题，没有论点，你到底想要论述什么，你的设计说明写得泛泛而谈，希望你下一步在设计上面能找到一个主题，在末尾能找到一个论点，去激情研究。

5. 清华大学美术学院 葛明：

段邦毅教授评论：刚刚同学的论文部分很鲜明，最重要的是要找到一个论点，第一个是现成的论点，有错误，需要你完善，去纠正过来，要进行梳理，去引证、论证。你这个问题很大，要论点鲜明。论点是很重要的一个问题，论点需要定位。

6. 山东建筑大学艺术学院 张梦雅：

王铁教授评论：你这里面最重要的研究方法没有，你怎么研究？用这个书院的概念，朗朗读书，怎么把这个概念融入这个景区当中？以书院为主题，往这个方向走。要有一个预想成果，多看看网上的论文。再一个是你的设计，就是一个简单的想法，里面的功能空间不分，形就出来了，那是绝对不可能的。你还得去认真地想一想。关于这个功能分区，应该怎么进去、怎么出来。再一个，你的入口也没有，就是一个块。要拿这个设计作为论文的插图，等于你的那些实践佐证你的理论。还有，要有参考文献，认真琢磨，东西太多了要精简一下。实际上我们是通过这个，让大家学会一种方法。

7. 吉林艺术学院 吴剑瑶：

王铁教授评论：我看了一下你的论文，特别悲观。实际上，对于千城一面呢，我从来不认可。什么叫千城一面呢？就是你能说出来怎么解决吗？你又说不出来。那你为什么要把这个提出来呢？你提问题不解决，那有什么意义。人现在的标准是越来越高了，越来越接近，最后整的全世界都一样。你想，随着人类的发展，人们当中的地域文化都是奔向科学当中过时的东西，有人老说民族的就是世界的，这都错了，各民族带来的最优秀的文化在这个大家庭中共享，形成一个新的人类观点，然后融合成了一个民族，这就是什么呢？这就是科学与智慧。绝不是某种想法能代替的。千城一面有问题吗？比如说长沙和东北，不看牌子都是一样的，有什么可怕的，没什么可怕的。仔细分析技术和法规肯定是不一样的。再一个，邮电局从来没有送错信的。你说千城一面；火车从来没有开过站，你说千城一面；你从来也没有找错学校，那你说得那么悲观、那么痛恨，有什么意义？如果我们人类还适应我们新的发展，我们现在所走的路是古人没有走过的。创新不管是东方的、西方的，都是人类的。隐性和显性是很重的平衡，哪些需要显出来，哪些需要隐进去，隐进去的就是文化，这种文化就是中西合璧的文化，绝不是某一种的文化，那你就等于只吃一种药，治不了病，不能治综合并发症。如果我们今天还不拿立体的方法做研究，那我们就掉坑里了。最后去翻相关这方面的论文，没有任何突破。学生就怕没有创造性。论文最后可以不写句号，证明你可以继续研究，这只是阶段性的。至少老师可以给你把关，你走的路是对的。你看你PPT排的，真是简单了。你那是最简单的做法，直接从PPT里调出来敲上字。构图要讲究美是最主要的。你又解释不了千城一面，你还那么认真地讲，等于没说。这种逆科学而行的不要再往前走了。师父领进门，修行靠个人。关在家里当宅男，那是肯定不行的。

答辩现场

8. 湖北工业大学艺术设计学院 彭珊珊：

潘召南教授评论：这个同学我想和你说一下，虽然你后面没说得多清楚，但我觉得你做得很“行”。做了很多内容，因为你接触了一个你并不熟悉的对象，那是一个很大的领域——精神方面、信仰方面。特别是你后来做设计的那一部分，你到底做一个庙呢，还是什么？你说了半天佛教的事，但你做了一个画院。你最好从项目入手，佛文化是个很大的主题，你并不熟悉，不要聚焦到某一个点上，这样的话你做起来不至于那么被动。前面的东西啰唆地说那么多，需要做一些调整。在设计上面要做得简洁一些。前面做了很多，但有效性不强，做了大量无用功。什么东西对你后续的设计有实用性，要去考虑，好好想想你的项目定位，在景区里到底能起到什么作用。给你一个空间，要自己去定位。而不是老师给你一个试题，让你做什么你就做什么。要有一个独立思考和清晰整理的过程，从这个方面你应该多下一些功夫，谢谢。

9. 中南大学建筑与艺术学院 刘安琪：

陈建国副教授评论：这个同学前面的场地设计不清晰。这个交通状况，周边包括视觉和山情况，没有联系。划分了地之后，这个建筑高度受限制，跟交通有冲突。你对建筑的元素还是比较清晰的，但是要考虑规划这块儿的道路跟它如何衔接，才能给人带来一个赏心悦目的效果。

10. 青岛理工大学 张彩露：

张月教授评论：这个同学有个优点，就是整个表达过程，感觉和播音员似的，说话抑扬顿挫，包括口语的表达，非常清晰。稍微说点问题，包括前面的都是相似的，在你陈述前面的研究问题时，有很多设计跟你涉及的关系并不太大。你讲地理，本身的自然资源足够漂亮，并不是任何一个景区都能吸引人跑那么远去看。昭山资源和自然特点有关，构成一个多大的影响范围，然后再讲交通、气候是比较合理的。要不然，前面讲了很多，听下来却和它并没有很大的关系。包括你实际上做的是建筑。比如说周围场地分析的地形、朝向、阳光，那你比较远的交通和建筑没有太大关系。做整个昭山资源的规划，可以讲道路问题。实际上做这个单体建筑的时候，周围道路，除了出入口以外，包括前面说游客的活动，是孤立的，它不是游客进出频繁的博物馆，相对来说是一个体验性的景点。对于近处上班的人和带孩子游玩的人，道路和游客密度没有太大的关系。其实说了这么多，要做和这息息相关的。

导师点评

中央美术学院孙文开题汇报

天津美术学院李书娇开题汇报

湖北工业大学彭姗姗开题汇报

青岛理工大学张彩璐开题汇报

苏州大学莫诗龙开题汇报

曲阜师范大学张永玲开题汇报

西安美术学院刘竞雄开题汇报

吉林艺术学院史少栋开题汇报

匈牙利佩奇大学阿高什（Akos）教授代表学生汇报

导师点评

2017创基金（四校四导师）4×4实验教学课题
“旅游风景区人居环境与乡建研究”开题答辩活动流程安排

地　　点：青岛理工大学市北校区
时　　间：2017年06月12日（周一）至14日（周三）
课题性质：公益自发，中外高校联合，中国建筑装饰协会牵头
资金来源：创想公益基金会（部分费用需自筹）
实践平台：中国建筑装饰协会，高等院校设计联盟
教学管理：4×4（四校四导师）课题组
教学监管：创想公益基金会、中国建筑装饰协会
导师资格：具有相关学科副教授以上职称，讲师不能作为责任导师
学生条件：硕士研究生二年级学生（报名必须注明学号）
指导方式：打通指导，学生不分学校界限，共享师资
选题方式：统一课题，按教学大纲要求，在责任导师指导下分段进行
调研方式：集体调研，邀请项目规划负责人讲解和互动
课题规划：调研地点在湖南，开题答辩在青岛，中期答辩在武汉，终期答辩在匈牙利佩奇大学举行

2017年06月12日，星期一					
时间	项目	地点	详情	负责人	人员
全天	师生集合报到地点	青岛理工大学学苑宾馆（青岛市市北区抚顺路11号）	8:00开始接待	贺德坤 梅雪敏（学生）	全体师生
18:00	学生晚餐自理				全体师生
18:30	导师用餐	青岛理工大学学苑宾馆			全体师生
20:00	答辩文件收集	青岛理工大学学苑宾馆	收集答辩资料（论文及PPT）	梅雪敏（学生）	

教案编制：课题组长：王铁教授
原则责任：确定参加课题的导师与学生如果中期退出课题责任自负，同时影响今后参加课题。

2017年06月13日，星期二				
旅游风景区人居环境与乡建研究新闻发布会及开题答辩流程				
时间	项目	地点	详情	参加人员
7:30~8:30	早餐	青岛理工大学学苑宾馆	8:30志愿者在住宿酒店入口引导师生到活动地点（图书科技楼1908室）	全体师生
8:30~9:00	签到	图书科技楼1908室	签到、入场	嘉宾师生
9:00~10:30	见面会	图书科技楼1908室	中国环境设计专业实验与实践教学论坛 第一部分 见面会（9:00~9:45） 地点：图书科技楼1908室 会议主持人：青岛理工大学艺术学院院长谭大珂先生 第二部分 校领导及嘉宾师生合影（9:45~10:00） 地点：南院科技广场 第三部分 中国环境设计专业实验与实践教学论坛会（10:00~10:30） 2017创基金4×4实验教学课题旅游风景区人居环境与乡建研究课题工作会（讨论下一步课题工作计划） 会议主持人：中央美术学院博士生导师、建筑设计研究院院长、匈牙利佩奇大学建筑与信息学院博士生导师王铁先生	
10:40	开题汇报	科技楼学术报告厅	开题汇报	嘉宾师生
学生汇报				
时间	项目	地点	详情	备注
10:40~12:00	学生开题汇报	科技楼学术报告厅	贺德坤副教授主持上午开题汇报 学生每人15分钟介绍（PPT汇报） 导师点评5分钟	汇报学生： 1. 中央美术学院孙文 2. 四川美术学院王丹阳 3. 天津美术学院李书娇 4. 广西艺术学院陈静

学生汇报				
时间	项目	地点	详情	备注
				5. 匈牙利佩奇大学阿高什（Akos）教授代表学生汇报
12:00~13:30	午餐	青岛理工大学学苑宾馆		全体师生
13:30~18:00	学生开题汇报	科技楼学术报告厅	贺德坤副教授主持下午开题汇报 学生每人15分钟介绍（PPT汇报） 导师点评5分钟 中间设茶歇15分钟	6. 清华大学美术学院 葛明 7. 山东师范大学美术学院 刘旭 8. 山东建筑大学艺术学院 张梦雅 9. 吉林艺术学院 吴剑瑶 10. 湖北工业大学艺术设计学院 彭珊珊 11. 中南大学建筑与艺术学院 刘安琪 12. 青岛理工大学张彩露 13. 苏州大学金螳螂建筑学院学院 莫诗龙 14. 曲阜师范大学美术学院 张永玲 15. 西安美术学院 刘竞雄 16. 清华大学美术学院 叶子芸 17. 吉林艺术学院 史少栋
18:30	导师晚宴	青岛理工大学学苑宾馆		全体师生
20:00	自由活动	各校负责人注意各自院校师生活动安全		
2017年06月14日，星期三				
学生汇报				
时间	项目	地点	详情	备注
7:00~9:00	早餐 退房返校	青岛理工大学学苑宾馆	各校自行安排	按课题组相关要求自行结账退房

2017创基金（四校四导师）4×4实验教学课题
“旅游风景区人居环境与乡建研究”课题

2017 Chuang Foundation · 4&4 Workshop · Experiment Project

The Mid-Term Report Reply of “Tourism Scenic Area Living Environment and Rural Construction Research”

中期答辩 · 湖北工业大学

时　　间：2017年07月16日

地　　点：湖北工业大学

主　　题：2017创基金4×4“旅游风景区人居环境与乡建研究”实验教学课题中期汇报答辩

课题国家：中国、匈牙利

责任导师：郑军里教授、段邦毅教授、陈华新教授、潘召南教授、高比教授（匈牙利）、周维娜教授、金鑫助教授、江波教授、郑革委教授、陈建国教授、高颖副教授、刘岩副教授、唐晔副教授、贺德坤副教授、刘星雄教授、陈翊斌副教授、韩军教授、梁冰副教授、汤恒亮副教授

实践导师：王小保、米姝玮、梁宏璃、王云童、巴特尔

答辩学生名单：（研究生14人，每人15分钟）孙文、王丹阳、李书娇、陈静、葛明、刘旭、张梦雅、吴剑瑶、彭珊珊、刘安琪、张彩露、莫诗龙、张永玲、刘竞雄

开幕仪式主持人：湖北工业大学　郑革委教授

郑革委教授首先为大家介绍参加本次活动的嘉宾和活动流程，副校长龚发云欢迎各位嘉宾的到来，简要介绍了学校基本情况，着重介绍了“721”人才培养以及建设高水平绿色工业大学的战略方针，希望通过设计大家云集的高水平学术活动，立足湖北，贯穿长江经济带，辐射全国，打造特色鲜明的艺术设计学科。

课题组组长、中央美术美院建筑设计研究院院长、匈牙利佩奇大学建筑与信息学院博士生导师王铁教授回顾

集体合影留念

了4×4实验教学课题九年以来的发展历程。项目在“名校、名企、名人”的多方合作中取得了丰硕的成果。他期待在“一带一路”的政策背景下，课题组能给更多的学生提供赴欧洲攻读博士学位的机会。随后，深圳创基金秘书长冯苏女士及赞助企业代表袁东峰先生在会议上致辞。

“四校四导师”实验教学课题由中央美术学院、清华大学、天津美术学院共同创立于2008年。在中国建筑装饰协会设计委员会的牵头、相关企业的鼎力支持下，经过主创院校及参与院校师生九年来的共同努力，实验教学模式逐步完善和成熟，其成果得到了国内众多设计机构及企业的高度认可。2015年，匈牙利佩奇大学正式加入第七届“四校四导师”活动。

湖北工业大学郑革委教授主持开幕仪式

此次实践教学活动围绕乡土重建的问题展开，距离费孝通1948出版的《乡土重建》已经有半个世纪之多，当年的乡村社会文化与当下的课题所定位的乡村状况相比，已有很多的差异，我们要重新调查研究现在的乡村社会状况，深入了解乡村的人居环境，这对于我们课题的开展有很重要的意义，大家聚到一起是在进行着乡村文化、乡村生活、乡村生态、乡村产业的发展的构建探索。

乡土建设需要用可持续发展的战略智慧去引领，作为设计教育工作者，我们的设计者应该秉承怎样的观念及提出怎样的设计观等都值得大家聚到一起好好交流。汇报要求学生每人就自己的研究内容进行阐述，突出项目设计的创新点和存在的困难问题，突出解决方案的实效性等内容，按照项目汇报教师提问或者提出改进措施来进行。

王铁教授重点点评了学生的工程实践中的可实施性问题，提出建筑工程的学理思维和理性的建造思维，让学生掌握乡村民居建造的基本原理和构造特点，鼓励学生拓宽问题的解决思路，应用思维导图及实地调研相结合的方式，突出文化的地域差异和可持续发展。

段邦毅教授应用形象的比喻展开实施过程指导，指导学生要关照工程技术的科学性，同样要兼顾文化的差异性及其地缘文化的传承，乡村建设要可持续的发展，要立足乡村当下的发展，谋求城乡一体化模式，发挥乡村的磁力场的作用，带动乡村文化产业及第三产业的发展。

王铁教授讲话

周维娜教授肯定了学生在项目中的创新点，但在乡村建设的认识问题上要和城市化建设相区别，突出乡土建筑文化及景观在其带动乡村产业建设上的重要意义，鼓励学生要分清现代化与乡土化的尺度与适度的问题。

湖北工业大学副校长王侃教授发言

中期汇报现场

创基金秘书长冯苏女士发言

湖北工业大学副校长龚发云教授发言

各院校学生汇报及导师点评：

1. 吉林艺术学院 史少栋：

张月教授点评：论文方面，每个章节的条理性、逻辑性和针对性都不够强。你需要告诉大家你的研究是做什么的，要注重信息交流效果；设计方面呢，在你的汇报中观察到你设计的重点是时间、空间与建筑，需要注意的是你的设计理念怎么在设计方案中具体体现，论文与设计的联系也不够严谨，要做到论文与设计齐头并进。

2. 西安美术学院 刘竞雄：

张月教授点评：看得出来，这位同学的准备很充分，内容阐述也很清晰，整体比较完善，但是论文与设计有点脱节，需要注意建立论文与设计之间的关联。

郑革委教授点评：论文的结构方面没有大问题，但是内容没有创新点，就好像一首好听的歌，但是不出色，你论文中提出的观点，大家都有见过听过，需要注意的是，你自己的东西在哪?

陈华新教授点评：你的论文题目落脚点在场所精神的创新，而实际上我们的题目应该落脚在场所精神在设计中的研究，重点在设计上，你这有点太学术性了，可以稍微调整一下，但整体还是不错的。

3. 湖北工业大学艺术设计学院 彭珊珊：

陈翊斌副教授点评：我本身就是湘潭人，对于白石画院和齐白石也比较了解，湘潭地区已经有一个白石画院，你的选题是有对比性的，齐白石是一个国画家，那么现代建筑形式与传统国画之间的相互关系需要更慎重的考虑，而且这位同学的画院建筑内部功能还是过于简单了，其实画院的功能要求非常复杂，我认为还可以对画院建筑的功能要求再进行深入的调研。

陈建国副教授点评：你的设计方案中，基地的红线、道路交通与建筑之间的关系还需要再考虑一下，多查阅一下相关规范及要求。

青岛理工大学张彩璐汇报

佩奇大学 Torma Patrik汇报

4. 吉林艺术学院 吴剑瑶：

陈华新教授点评：我看你论文的题目就有问题，大标题虚一些，副标题就应该实一点，而且要区分自己的设计与分析别人的设计，大题目可以宏观一些，小标题一定要具体，做到一虚一实。

周维娜教授点评：我发现你论文的题目缺少主语，前面的标题不成立，需要重新考虑一下，可能同学们前期的调研都不太透彻，转用于设计的地域文化都源于自我的认知，对于设计的细节问题，很多同学都要注意设计的限定条件、设计的独立呈现以及对设计尺度的掌握这几方面的问题；建筑形态的来源也有问题，再调整一下。

Bence教授点评：在这里，我有一个语言上的障碍，因为都是中文表述，我也听不懂，但从专业领域有一个共通语言，就是建筑与设计，我从这位同学画的草图中就可以看出你的设计，在此向你表示祝贺。

5. 山东建筑大学艺术学院 张梦雅：

Bence教授点评：我从演讲中，没有看出你作为设计者在中间扮演的角色，整个设计结构非常清晰，但我更希望看到有更多的艺术元素在里面，因为建筑大部分都源于艺术。

段邦毅教授点评：设计中，地势高的那些地方的设计有些不合理，需要考虑危险性。

陈华新点评：论文方面没有很清晰的进度，设计上有两大问题，一个是规划过于概念，而且造成很多地方浪费，交通设计需要再调整一下，绿化率也不够，过于强调概念，另一个是设计方案与论文的脱节。

6. 匈牙利佩奇大学 Juhasz Ha jnalka：

张月教授点评：我很喜欢这位同学的答辩方式，她把自己退到一个我要解决问题的位置，用一个非常简单直接的方式，把她希望为游客提供的功能表达出来，这是很合理的设计方式，风景区的建筑不需要设计得太张扬，应该让游客更多地去关注自然。

彭军教授点评：这位同学的设计很实际，很合理地考虑场所环境，工作做得很细，值得学习。

佩奇大学 Czilbulyas Fruzsina汇报

7. 清华大学美术学院 葛明：

王铁教授点评：传统的书院时代已经过去了，书院所在地都只剩下一个空壳，现在做书院的是开发商而不是政府，书院失去商业价值，就失去意义，我们今天要做的是一种书院精神而不是一个真正的书院；调研的案例资料应该与设计方案是处于同等条件下的，锁定研究对象的特性再选择相适应的案例来分析，总之就是一定要锁定、锁定、再锁定，简单、简单、再简单；有人说“建筑是凝固的音乐”，那是聋哑设计，而我们要做的是有声有色、有韵律的设计。

周维娜教授点评：论文的题目有问题，研究范围还需要再调整一下，说准确一点。

8. 匈牙利佩奇大学 Czilbulyas Fruzsina：

王铁教授点评：总的来说是不错的。从设计中可以看出她能够理解建筑与环境的关系。在剖面图中，室内与室外的标高是要分开的，高度不能一样，以防止雨水倒灌。

9. 广西艺术学院 陈静：

韩军教授点评：摘要中所写应该是你的核心论点，而不仅仅只是章节目录的一个罗列。在研究的过程中应该多发现一些问题，要多问“为什么”，并提出新观点。在设计当中需要一些案例加以借鉴，如苏州博物馆等。在设计的过程中你需要去了解挡火墙形态上的不同、色彩及材料的不同。在你的设计演变中，挡火墙和屋顶两者所形成的关系并没有起到与之适应的作用。

高颖教授点评：功能区域划分不明确，各功能区所占的面积没有具体数据。

王铁教授点评：存在一些小问题，但是总体还是不错的。剖面画得挺规范，是目前所有汇报学生中画得最好的。

10. 天津美术学院 李书娇：

王铁教授点评：与上一次汇报相比。有所变化，但我们作为一位研究者，必须要保持清醒。你在研究任何一

王铁教授点评

段邦毅教授点评

中期汇报现场

个主体时，所举的例子必须是对等的，如公共建筑对公共建筑，民间建筑对民间建筑，而你现在选的例子并不对等。规划不是你想规划就能规划的，必须要遵循法规。这个项目是新规划，必须把旧的精神、旧的束缚抛弃掉。我们的科学是为了今天，为了更好的明天，绝不是为了古代的事、古人的事，过去了就过去了，只能以史为鉴。大家还是存在着一个普遍的问题，先拉造型，再想内部功能，太情感化，缺乏理性思维。如果没有理性思维去指导你的设计，我们只是一群乌合之众。

11. 四川美术学院 王丹阳：

贺德坤副教授点评：首先，我们做建筑要明确且清晰地认识到实地与时代关系；其次，你们不能光拿着立面图来跟我们谈建筑功能，应该是平、立、剖三者结合起来，不管是平面功能布置、平面交通流线还是地面高差，很多时候都需要在平面图纸上表达清楚；还有就是剖立面的问题，同学们都要注意建筑剖切的位置，不是随随便便一拉就行的，要在能够明确表达建筑关系的地方进行剖切，这个位置是非常重要的。

张月教授做总结：

从这次武汉中期检查答辩汇报的内容可以看出，同学们都很认真地在跟着课题的进度完成工作，内容与上次汇报相比也有很大的推进，根据导师的意见也都做了相应的调整，这是值得肯定的。那我现在就同学们的汇报做一个整体的点评，我所说的这些问题是一个普遍的现象，第一就是同学们论文与设计的关联性都不强，我们做这个研究最终是要落实到具体的设计中的，它们是一个相互补充说明的关系，有些同学论文就是论文，设计就是设计，造成论文与设计的脱节；第二就是没有逻辑，论文的各个章节之间的逻辑关系要厘清，才能让看的人能够清楚地知道你写这篇论文到底要说明什么，自己的观点是什么。设计方面呢，同学们在进行建筑设计时，建筑的形式为什么这样确定都不清楚，随随便便地对体块进行变形，完全看不到设计的意义在哪？建筑的功能逻辑也非常紊乱，建筑内部功能和面积的大小是要根据需求来确定的，其中的组织关系、对应关系都是问题，同学们要再好好地推敲一下。

张月教授点评

陈建国副教授点评

韩军副教授点评

彭军教授点评

陈华新教授在答辩现场

佩奇大学学生认真聆听

周维娜教授点评

陈翊斌副教授点评

答辩现场

2017创基金（四校四导师）4×4实验教学课题
“旅游风景区人居环境与乡建研究”中期答辩活动流程安排

地　　点：湖北工业大学
时　　间：2017年07月16日（周日）至18日（周二）
课题性质：公益自发，中外高校联合，中国建筑装饰协会牵头
资金来源：创想公益基金会（部分费用需自筹）
实践平台：中国建筑装饰协会，高等院校设计联盟
教学管理：4×4（四校四导师）课题组
教学监管：创想公益基金会，中国建筑装饰协会
导师资格：具有相关学科副教授以上职称，讲师不能作为责任导师
学生条件：硕士研究生二年级学生（报名必须注明学号）
指导方式：打通指导，学生不分学校界限，共享师资
选题方式：统一课题，按教学大纲要求，在责任导师指导下分段进行
调研方式：集体调研，邀请项目规划负责人讲解和互动
课题规划：调研地点在湖南，开题答辩在青岛，中期答辩在武汉，终期答辩在匈牙利佩奇大学举行

2017年07月16日，星期日					
时间	项目	地点	详情	负责人	人员
全天	师生集合 报到地点	华中农业大学国际交流中心三号楼	8:00开始接待	袁丰（老师） 黄振凯（学生）	全体师生
18:00	学生晚餐自理				
18:30	导师用餐	华中农业大学国际交流中心餐厅			
20:00	答辩文件收集	华中农业大学国际交流中心	收集答辩资料（论文及PPT)	黄振凯（学生）	

教案编制：课题组长：王铁教授
原则责任：确定参加课题的导师与学生如果中期退出课题责任自负，同时影响今后参加课题。

2017年07月17日，星期一				
旅游风景区人居环境与乡建研究课题中期答辩流程				
时间	项目	地点	详情	参加人员
7:30~8:30	早餐	华中农业大学国际交流中心三号楼交流中心	8:30在酒店大堂集合，乘大巴至活动地点（湖北工业大学艺术设计学院）	全体师生
8:30~9:00	签到	华中农业大学国际交流中心三号楼交流中心	签到、入场	嘉宾师生
9:00~10:20	见面会		第一部分 见面会（9:00~9:35） 地点：湖北工业大学行政楼一楼会议室 会议主持人：湖北工业大学艺术设计学院院长 周峰先生 第二部分 校领导及嘉宾师生合影（9:35~10:00） 地点：艺术设计学院大楼门口	
10:30			创想公益基金会秘书长冯苏演讲	嘉宾师生

学生汇报				
时间	项目	地点	详情	备注
10:40~12:00	学生中期汇报	湖北工业大学行政楼一楼会议室	郑革委教授主持上午中期汇报 学生每人15分钟介绍（PPT汇报） 导师点评5分钟	汇报学生： 1. 中央美术学院 孙文 2. 四川美术学院 王丹阳 3. 天津美术学院 李书娇 4. 广西艺术学院 陈静 5. 匈牙利佩奇大学 Czilbulyas Fruzsina
12:00~13:30	午餐	楚风苑餐厅		全体师生
13:30~18:00	学生中期汇报	湖北工业大学行政楼一楼会议室	郑革委教授主持下午中期汇报 学生每人15分钟介绍（PPT汇报） 导师点评5分钟 中间设茶歇15分钟	6. 清华大学美术学院 葛明 7. 匈牙利佩奇大学 Juhasz Hajnalka 8. 山东建筑大学艺术学院 张梦雅

<table>
<tr><th colspan="5">学生汇报</th></tr>
<tr><th>时间</th><th>项目</th><th>地点</th><th>详情</th><th>备注</th></tr>
<tr><td></td><td></td><td></td><td>导师点评5分钟
中间设茶歇15分钟</td><td>9. 吉林艺术学院
吴剑瑶
10. 湖北工业大学艺术设计学院
彭珊珊
11. 中南大学建筑与艺术学院 刘安琪
12. 青岛理工大学
张彩露
13. 苏州大学金螳螂建筑学院学院
莫诗龙
14. 曲阜师范大学美术学院 张永玲
15. 西安美术学院
刘竞雄
16. 匈牙利佩奇大学
Torma Patrik
17. 吉林艺术学院
史少栋</td></tr>
<tr><td>18:30</td><td>晚宴</td><td>楚风苑餐厅</td><td></td><td>全体师生</td></tr>
<tr><td>20:00</td><td>自由活动</td><td>各校负责人注意各自院校师生活动安全</td><td></td><td></td></tr>
<tr><th colspan="5">2017年07月18日，星期二</th></tr>
<tr><th>时间</th><th>项目</th><th>地点</th><th>详情</th><th>备注</th></tr>
<tr><td>7:00~9:00</td><td>早餐
退房返校</td><td>华中农业大学国际交流中心三号楼</td><td>各校自行安排</td><td>按课题组相关要求自行结账退房</td></tr>
</table>

2017创基金（四校四导师）4×4实验教学课题
“旅游风景区人居环境与乡建研究”课题

2017 Chuang Foundation · 4&4 Workshop · Experiment Project
Final Reply of “Tourism Scenic Area Living Environment and Rural Construction Research”

终期答辩·匈牙利佩奇大学

时　　间：2017年08月24日
地　　点：匈牙利佩奇大学信息与工程学院
课题性质：公益自发，中外高校联合，中国建筑装饰协会牵头
资金来源：创想公益基金会
实践平台：中国建筑装饰协会，高等院校设计联盟
教学管理：4×4（四校四导师）课题组
教学监管：创想公益基金会，中国建筑装饰协会
导师资格：具有相关学科副教授以上职称，讲师不能作为责任导师
学生条件：硕士研究生二年级学生
指导方式：打通指导，学生不分学校界限，共享师资
选题方式：统一课题，按教学大纲要求，在课题组及责任导师指导下分段进行
调研方式：集体调研，邀请设计研究的项目规划负责人讲解和互动
课题规划：调研地点在湖南，开题答辩在青岛，中期答辩在武汉，终期答辩在匈牙利佩奇大学举行
作品展览：全体指导教师作品、全体课题学生作品、评选获奖作品综合展 、颁奖典礼及相关学术活动
责任导师：郑军里教授、段邦毅教授、陈华新教授、潘召南教授、高比教授（匈牙利）、周维娜教授、金鑫助教、郑革委教授、陈建国教授、高颖副教授、刘岩副教授、唐晔副教授、贺德坤副教授、刘星雄教授、陈翊斌副教授、韩军教授、梁冰副教授、汤恒亮副教授
实践导师：王小保、米姝玮、梁宏璃、王云童、巴特尔

终期答辩现场

参加终期答辩学生名单：（研究生15人）

孙　文　中央美术学院
王丹阳　四川美术学院
李书娇　天津美术学院
陈　静　广西艺术学院
葛　明　清华大学美术学院
张梦雅　山东建筑大学
吴剑瑶　吉林艺术学院
彭珊珊　湖北工业大学
张彩露　青岛理工大学
莫诗龙　苏州大学金螳螂建筑学院
张永玲　曲阜师范大学美术学院
刘竞雄　西安美术学院
史少栋　吉林艺术学院
Torma Patrik　匈牙利佩奇大学
Czilbulyas Fruzsina　匈牙利佩奇大学

佩奇大学 Torma Patrik终期汇报

葛丹博士、阿高什教授主持终期答辩

广西艺术学院陈静终期汇报

开幕仪式主持人：匈牙利佩奇大学阿高什教授、葛丹

2017年08月24日在匈牙利佩奇大学，进行了2017年创基金4×4“旅游风景区人居环境与乡建研究”实验教学课题最终的项目答辩。学生每人进行15分钟介绍。

匈牙利佩奇大学信息工程学院巴林特教授致辞：

经过几个月的调查研究及方案研讨，今天是最后研究成果汇报的时候，学生从不同的角度阐述了自己的项目，解决的主要问题有乡村景观地带的文化复兴问题，有从乡村产业发展对于乡村景观规划的影响问题，还有从乡村人的需求出发来探讨乡土建筑的保护问题等内容。

大家都找到了很好的切入点，学生的整个调研环节很细致。项目进展的良性运转，有学生的辛勤付出，还有老师的因材施教。

王铁教授讲话：

同学们通过该项目的研究，对于乡村建设的开展有了一定的认识，该项目是旅游风景区人居环境的探究，其项目的目的是以旅游产业的发展运营为目的，面对乡村都市化的问题，在改善乡村旅游环境的同时要在乡村特色上找到地方特色与文化，对于传统乡土建筑的改造要有谨慎的态度。

巴林特教授在终期答辩现场

张月教授讲话：

学生从地域文化上、从乡土文化上考虑乡村景观的现代性和实用性，打破传统景观空间的思维，使乡村景观发展服务于乡村生活、乡村生态。

段邦毅教授讲话：

乡村地域文化真实反映了人们的自然生活状态，以旅游开发的乡村环境景观要带给外来人们一种日常生活的

终期答辩现场

城市化，生活氛围、生活环境的乡村化，城乡差异不是指生活质量上的差异而是环境质量上的感受差异。未来的乡村在消费质量上没有差别，乡村的优势会被放大，乡村的发展更具有可持续性。

彭军教授讲话：

农民的需求与当前的工业生产之间的矛盾，在乡村旅游产业上表现得尤为突出，乡村旅游区管理质量和人员的素质有待培训和提高，乡村旅游区的景观建筑与城市景观建筑的发展存在着趋同性。课题调研的地方，其特点表现突出，能够让同学有很立体的认识，从项目的成果上，学生们都很好地把握住了地方特色与产业发展的需求。

导师与学生合影

课题组全体成员合影留念

“一带一路”城市文化研究联盟揭牌仪式、2017创基金4×4实 验教学课题颁奖典礼、匈牙利中国师生作品展开幕仪式

The Opening Ceremony of the Belt And The Road Alliance of City Culture Research
2017 Chuang Foundation · 4&4 Workshop · Experiment Project
The Opening Ceremony of the Exhibition of Works of Chinese Teachers and Students in Hungary

时　　间：2017年08月28日
地　　点：匈牙利佩奇大学工程信息科学学院
课题性质：公益自发，中外高校联合，中国建筑装饰协会牵头
资金来源：创想公益基金会
实践平台：中国建筑装饰协会，高等院校设计联盟
教学管理：4×4（四校四导师）课题组
教学监管：创想公益基金会，中国建筑装饰协会
导师资格：具有相关学科副教授以上职称，讲师不能作为责任导师
学生条件：硕士研究生二年级学生
指导方式：打通指导，学生不分学校界限，共享师资
选题方式：统一课题，按教学大纲要求，在课题组及责任导师指导下分段进行
调研方式：集体调研，邀请设计研究的项目规划负责人讲解和互动
课题规划：调研地点在湖南、开题答辩在青岛、中期答辩在武汉、终期答辩在匈牙利佩奇大学举行
作品展览：全体指导教师作品，全体课题学生作品，评选获奖作品综合展，颁奖典礼及相关学术活动
责任导师：郑军里教授、段邦毅教授、陈华新教授、潘召南教授、高比教授（匈牙利）、周维娜教授、金鑫助教、江波教授、郑革委教授、陈建国教授、刘岩副教授、唐晔副教授、贺德坤副教授、刘星雄教授、陈翊斌副教授、韩军教授、梁冰副教授、汤恒亮副教授
实践导师：王小保、米姝玮、梁宏瑀、王云童、巴特尔
答辩学生名单：孙文、王丹阳、李书娇、陈静、葛明、张梦雅、吴剑瑶、彭珊珊、张彩露、莫诗龙、张永玲、刘竞雄、史少栋、Torma Patrik、Czibulyas Fruzsina

责任导师在颁奖典礼现场合影

阿高什教授、金鑫助教主持终期答辩

匈牙利佩奇大学校长约瑟夫·博迪什讲话

王铁教授讲话

2017年08月28日在匈牙利佩奇大学，举办了2017年创基金4×4“旅游风景区人居环境与乡建研究”实验教学课题的颁奖典礼活动。

主持人（女）：金鑫 匈牙利佩奇大学建筑系外籍教师

主持人（男）：阿高什教授 匈牙利佩奇大学建筑系主任

主持人金鑫：

4×4实验教学是公益活动，中外高校联合的课题，中国建筑装饰协会牵头，创想公益基金捐助，16所中外高校合作的结晶，突出的是学术与交流的平台价值。师生们集体调研，邀请设计研究机构针对项目规划讲解和互动，打通指导，学生不分学校的界限，共享师资。2017年调研地点从中国湖南启动，开题答辩在武汉，中期答辩在青岛，终期答辩在匈牙利佩奇大学举行，一路走来已第九届，相信课题今后会更加丰富，在追求高质量的学术价值的道路上更加有所成效。

首先介绍嘉宾：匈牙利佩奇大学工程信息学院巴林特教授、副院长高比教授、郑军里教授、段邦毅教授、陈华新教授、潘召南教授、周维娜教授、金鑫助教、江波教授、郑革委教授、陈建国教授、高颖副教授、刘岩副教授、唐晔副教授、贺德坤副教授、刘星雄教授、陈翊斌副教授、韩军教授、梁冰副教授、汤恒亮副教授。

匈牙利佩奇大学校长约瑟夫·博迪什：

代表匈牙利佩奇大学热烈欢迎中国高校的学术研讨活动，它回顾了多年参加四校的经历。学生在项目参与过程中感受到不同的中国地域文化，对中国的经济现状发展有深刻的认识，学生在这个项目活动中突破了国别的限制，学生之间团队学习、相互帮助，学科的思维在文化交流中不断创新，缩短了中国国内城乡差异的政策理解。匈牙利佩奇的学生越来越热爱中国文化，这对未来的学术交流打下了坚实基础。

中央美术学院博士生导师、建筑设计研究院院长王铁教授：

本次活动可以称是中国艺术高校师生踏上欧洲大陆与名校进行学术交流的一次壮观风景画，今后在中国艺术类高校实践教学的历史上可以说是最震撼的第一次。对一带一路的理念更是以设计教育的角度进行视野广域的诠释。相互帮助是我们课题组工作的核心价值，高质量教学是九年以来始终能够坚持的动力源。九载之中来自不同的高校，那些致力于教授治学、服务于艺术设计教育、勇于为打破院校间壁垒、探索实践教学走出国门而付出的伯乐们，你们是最可爱的人！课题的发展过程中每年都有新的高校加入，除了相互帮助，自觉遵守教学大纲才是完成高质量课题的保证。

本次教学是开放性的实践课题，在中国建筑装饰协会的平台上，创基金的捐助让课题健康有序成长，知名企业的友情赞助使活动更加锦上添花，特别是今年的知名企业金狮王的赞助，全体师生必须以高质量成果来报答！

匈牙利佩奇大学Torma Pathk代表全体学生致辞：

首先感谢学校和中国国内一流大学所搭建的平台，让我有机会和中国同学共同交流，通过和他们的相处，我了解了一些中国文化，期待着能有机会去中国留学或者考察。我所做的设计与其他同学作的设计有个共同通的地方，那就是我们都是为了改善生活，完善生活设施，以便给我们带来便利。我相信文化无边际，设计无国界。

中央美术学院孙文同学致辞：

首先，我谨代表全体同学对佩奇大学表示由衷的感谢，在四校四导师活动佩奇大学终期答辩期间，我充分感受到了各位老师对本次活动的详细安排以及精心照顾，感受到了同学们的活力与帮助，感受到了这座城市的热情与魅力。

通过这次课题活动，我收获良多，重新理解了乡村农民与乡村产业之间的共生状态，现代的乡村建设不再是传统、单一的农业生产，而是综合发展，需要整体城乡规划来考虑。我的项目突出的创新点是力求乡村景观观光性、地域文化性，用我的理解诠释当代景观新特征。同时在课题活动期间我得到了更多的学习资源、更高效的学习方法，以及更多元的学习环境。这对于今后的专业提升具有很大的帮助。最后，祝愿佩奇大学650年校庆，2017“4×4”创基金四校四导师实验教学师生展览成功举办。

第一项：“一带一路”城市文化研究联盟揭牌仪式

佩奇大学校长约瑟夫·博迪什为“一带一路”城市文化研究联盟揭牌。

“一带一路”牌前王铁教授、湖北工业大学副校长龚发云授合影

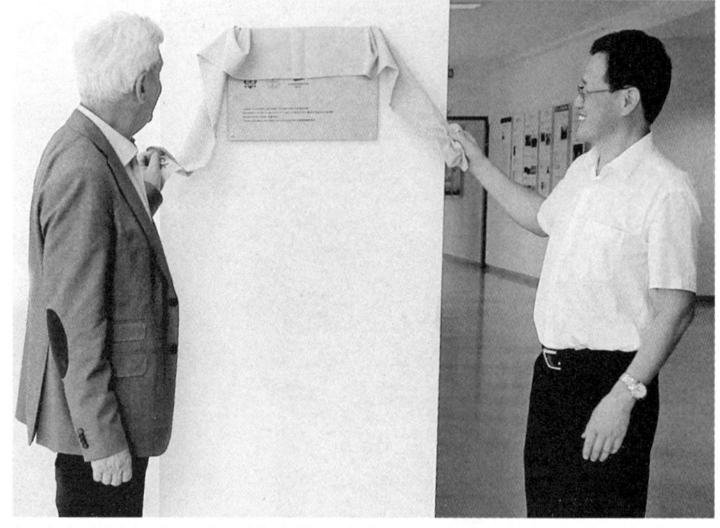

佩奇大学校长约瑟夫·博迪什、湖北工业大学副校长龚发云为“一带一路”城市文化研究联盟揭牌

“一带一路”牌前王铁教授、张月教授合影

王铁教授与责任导师在颁奖典礼现场

第二项：2017年创基金第九届4 × 4实验教学课题颁奖典礼

佳作奖获奖者：王丹阳、李书娇、Czidulyas Fruzsina、葛明、莫诗龙、张永玲、刘竞雄、史少栋、Juhasz Hajnalka

三等奖获奖者：张梦雅、吴剑瑶、彭珊珊

二等奖获奖者：陈静、张彩露

一等奖获奖者：孙文、Torma Patrik

高比教授为佳作奖获奖学生颁奖

高比教授、彭军教授为三等奖获奖学生颁奖

王铁教授、巴林特教授为二等奖获奖学生颁奖

湖北工业大学副校长龚发云为一等奖获奖学生颁奖

佩奇大学校长约瑟夫·博迪什为王铁教授颁发证书

佩奇大学校长约瑟夫 · 博迪什为张月教授颁发证书

佩奇大学校长约瑟夫 · 博迪什为彭军教授颁发证书

佩奇大学校长约瑟夫 · 博迪什为导师颁发证书及奖杯

第三项：匈牙利中国师生作品展开幕仪式

匈牙利佩奇大学校长约瑟夫·博迪什分别为王铁教授、张月教授、彭军教授、陈华新教授、潘召南教授、周维娜教授、金鑫助教、陈建国教授、刘岩副教授、贺德坤副教授、梁冰副教授、汤恒亮副教授、刘星雄教授、刘岳老师、李洁玫老师、王云童先生颁发证书。

佩奇大学校长约瑟夫·博迪什为潘召南教授颁发参展证书

佩奇大学校长约瑟夫·博迪什为陈华新教授颁发参展证书

佩奇大学校长约瑟夫·博迪什为刘岩教授颁发参展证书

佩奇大学校长约瑟夫·博迪什为贺德坤副教授颁发参展证书

佩奇大学校长为约瑟夫·博迪什梁冰副教授颁发参展证书

佩奇大学校长约瑟夫·博迪什为汤恒亮副教授颁发参展证书

佩奇大学校长约瑟夫·博迪什、巴林特教授、高比教授、阿高什教授颁发指导教师纪念杯，并与获奖者合影留念。

匈牙利佩奇大学与中国高等院校合作以来，相互信任与真诚让友谊长久，王铁教授与老院长巴赫曼教授及家人成为好朋友。为表示对老院长的怀念，王铁教授与刘星雄教授分别为先生画像赠送学校，表达诚挚的尊敬，巴林特院长代表接受。巴林特院长上台接受画像馈赠，与王铁教授、刘星雄教授合影留念。

同场刘星雄教授为王铁教授现场画像，表达对九载的坚持与尊敬。

王铁教授、刘星雄教授为工程与信息科学学院前任院长画像，举行赠送仪式，与老巴赫曼教授夫人及儿子巴林特教授共同回忆四年前与巴赫曼教授见面时的情景。

王铁教授、刘星雄教授赠送巴林特教授及家人老巴林特院长肖像画作品

王铁教授、张月教授、彭军教授赠送佩奇大学教授四校课题研究成果书籍

佩奇大学工程与信息学院展览现场

学生作品展览现场

学生作品展览现场

学生作品展览现场

导师合影留念

课题师生合影留念

2017创基金（四校四导师）4×4实验教学课题“旅游风景区人居环境与乡建研究”终期答辩活动流程安排

地　　点：匈牙利佩奇大学信息与工程学院
时　　间：2017年08月19日（周六）从北京出发，2017年9月06日（周三）从布达佩斯李斯特机场出发回国
课题性质：公益自发，中外高校联合，中国建筑装饰协会牵头
资金来源：创想公益基金会
实践平台：中国建筑装饰协会，高等院校设计联盟
教学管理：4×4（四校四导师）课题组
教学监管：创想公益基金会，中国建筑装饰协会
导师资格：相关学科副教授以上职称，讲师不能作为责任导师
学生条件：硕士研究生二年级学生（报名必须注明学号）
指导方式：打通指导，学生不分学校界限，共享师资
选题方式：统一课题，按教学大纲要求，在课题组及责任导师指导下分段进行
调研方式：集体调研，邀请设计研究的项目规划负责人讲解和互动
课题规划：调研地点在湖南，开题答辩在青岛，中期答辩在武汉，终期答辩在匈牙利佩奇大学举行
作品展览：全体指导教师作品，全体课题学生作品，评选获奖作品综合展，颁奖典礼及相关学术活动
展览支持：淄博金狮王科技陶瓷集团有限公司
媒体支持：资深媒体人米姝玮
出版机构：中国建筑工业出版社
教案编制：王铁教授

2017年08月19日，星期六					
时间	项目	地点	详情	负责人	人员
全天	全体师生报到	入住佩奇市各自预定的酒店	课题组声明：本次课题为公益活动，实行各院校责任导师负责制，各院校责任导师为各院校参加课题学生安全负责，需对所负责学生进行全过程安全监督，确保匈牙利课题顺利完成	1. 负责联系人：贺德坤 2. 准备答辩论文及设计 3. 题目和论文摘要、关键词部分必须用英文表达	全体师生

教案编制：课题组长：王铁教授

原则责任：

1. 确定参加课题的导师与学生如果中期退出课题责任自负，同时影响今后参加课题。

2. 到达匈牙利后一切按课题组要求，学生外出活动必须2人以上并告知责任导师，遵守当地国家法律与习惯。

3. 参加答辩师生、颁奖典礼、作品展览开幕必须着正装。

4. 答辩时间为每位学生15分钟，导师打分填表，不需提问。

5. 出发前责任导师与王铁教授助手刘晓东联系，领取作品图桶随行李托运，共计10个奖杯、10个图桶，王铁等带3桶及奖杯，余下7桶由贺德坤在8月5日前安排并通知携带责任导师。

6. 学生携带速写画具，业余时间画5张佩奇市城市建筑，回国后导师论文连同学生终期论文设计截止在9月30日前一起交到课题组指定邮箱（另行通知）。

7. 基金会要求12月份由王铁教授交出课题出版成果，请谅解排版设计、出版审校需要时间，全体课题人员必须在9月30日前提交（排版模板9月12日前发给大家），请各位责任导师必须遵守教学要求。

8. 责任导师必须为自己的学生做最终成果把关，达到高质量学术品位，为骄傲的九年公益教学课题画上完美的句号，迎接第十届课题。

9. 重点强调：责任导师必须按时完成自己关于4×4教学课题研究论文（内容不少于5000字，需按论文格式，内容必须是本次教学内容）。

10. 重点提醒：最终课题报销与提交成果对接，不达标者视为自动退出课题。

2017年08月24日，星期四					
旅游风景区人居环境与乡建研究课题终期答辩流程					
时间	项目	地点	详情	负责人	人员
7:30~8:00	早餐	计划自理	与下榻酒店管理人员自行沟通	出发前预定住宿	相关师生
9:00~10:00	答辩教室	佩奇大学信息与工程学院 Boszorkány út Pécs, Hungary	志愿者引导签到、入场（金鑫助教授负责沟通）	拷贝文件，导师指导学生汇报，严格遵守答辩时间，过时间必须结束，否则视为不参评	嘉宾及师生 答辩学生以最终实到人数为准

学生汇报				
时间	项目	地点	详情	备注
10:40~12:00	学生终期汇报	佩奇大学信息与工程学院 Boszorkány út Pécs, Hungary	答辩主持人：金鑫助教 时间执行官：贺德坤副教授 答辩前向责任导师发打分单，非责任导师不参加打分，无提问环节 学生每人15分钟介绍（PPT汇报）	汇报学生： 1.中央美术学院 孙文 2.四川美术学院 王丹阳 3.天津美术学院 李书娇 4.广西艺术学院 陈静 5.匈牙利佩奇大学 Czilbulyas Fruzsina

学生汇报				
时间	项目	地点	详情	备注
12:00~13:30	午餐	学校	每人领取一套汉堡套餐和矿泉水一瓶	贺德坤负责全体师生午餐
13:30~18:00	学生终期汇报	佩奇大学信息与工程学院 Boszorkány út Pécs, Hungary	学生每人15分钟介绍（PPT汇报） 中间设茶歇15分钟	6. 清华大学美术学院 葛明 7. 匈牙利佩奇大学 Juhasz Hajnalka 8. 山东建筑大学艺术学院 张梦雅 9. 吉林艺术学院 吴剑瑶 10. 湖北工业大学艺术设计学院 彭珊珊 11. 中南大学建筑与艺术学院 刘安琪 12. 青岛理工大学 张彩露 13. 苏州大学金螳螂建筑学院 莫诗龙 14. 曲阜师范大学美术学院 张永玲 15. 西安美术学院 刘竞雄 16. 匈牙利佩奇大学 Torma Patrik 17. 吉林艺术学院 史少栋
18:30	晚餐		自理	全体师生
20:00	自由活动	各校负责人注意提醒各自院校师生活动安全		

注：王铁教授主持20点在佩奇大学召开责任导师评选学生作品，一等奖2名、二等奖2名、三等奖3名

2017年08月25日，星期五				
时间	项目	地点	详情	备注
上午	颁奖典礼	佩奇大学信息与工程学院 Boszorkány út Pécs, Hungary	颁奖典礼	1. 颁发责任导师奖杯：巴林特教授、高比副教授、阿高什教授 2. 颁发获奖学生奖杯（颁奖嘉宾邀请佩奇大学校长） 3. 佩奇大学3名礼仪女生

注：颁奖典礼上邀请佩奇大学艺术学院2名学生演奏2首单簧管曲，贺德坤、金鑫负责

2017年08月26日，星期六				
时间	项目	地点	详情	备注
全天	布展	佩奇大学信息与工程学院 Boszorkány út Pécs, Hungary	全体师生参加作品展布展	

注：1. 布展指挥：王铁教授、张月教授

2. 协调人：金鑫助教、贺德坤副教授，佩奇大学3名课题学生负责对接

2017年08月27日，星期日				
时间	项目	地点	详情	备注
全天	师生作品展	佩奇大学信息与工程学院 Boszorkány út Pécs, Hungary	全体师生参加作品展布展	
2017年08月28日星期一（下午18:00）4×4师生作品展开幕				
时间	项目	地点	详情	备注
傍晚	师生作品展开幕		1. 佩奇大学校长、佩奇大学信息与工程学院院长、教师、全体课题师生参加作品展 2. 主持人：巴林特院长 3. 集体合影留念（佩奇大学安排）	金鑫总负责、贺德坤配合 1. 准备展览现场茶点、饮料、红酒 2. 以80人作计划 3. 志愿者以课题组派出的在读学生为基础
2017年09月01日，星期五				
时间	项目	地点	详情	备注
全天	参观佩奇大学校庆活动	佩奇大学	参观校庆活动	按佩奇大学流程执行，责任导师负责

2017年09月02日（星期六）至2017年09月05日（星期二）				
时间	项目	地点	详情	备注
全天	返校	东欧	各校导师自行安排学生	声明：本次课题为公益活动，以课题组领导下各院校责任导师负责制，责任导师为法定参加课题学生的安全直接负责人，需对学生进行全过程安全监督，确保匈牙利课题顺利完成
2017年09月06日星期三				
时间	项目	地点	详情	备注
傍晚	回国	于布达佩斯李斯特机场乘机返回北京	责任导师提醒学生检查各自机票，确认无误，返回中国北京	佩奇大学参加教学活动期间，全体师生必须遵守教学要求，做到安全第一，高质量教学成果第一

后记·设计教育在设计中

Afterwords: Design Education in Design

中央美术学院建筑设计研究院院长 博士生导师 王铁教授

Central Academy of Fine Arts, Prof. Wang Tie

金黄色的秋天是丰收的季节，完成改革开放第一阶段的中国，迎来了格外让人自豪的时刻，恰逢时节4×4实验教学在第九届颁奖盛典中收获果实。九年里实验教学始终坚持空间设计教育开放型理念，注重导师的知识结构和综合能力，有效性和科学性捆绑研究价值，目的是要有序融入设计教育低碳科技时代，始终把可持续性和综合能力作为检验责任导师教学水平的一项重要标准。对于教师和学生掌握建构技术是评价学术价值和设计作品的重要指标。审美是逐步养成的，零存整取、终身追求才能获得，教师在科学地进行知识传播时，视野和综合能力将是鉴别教师教学质量和审美能力合格与否的标准，4×4实验教学责任导师从理论和综合能力上向学生敞开职业品质最高的顶端，不可回避的现实与条件、严谨的实验教学管理与学术价值让业界同仁认可，让创想基金会满意。

教师始终强调实验教学的核心价值，时刻提醒自己站在智慧科技大环境视角，研究建筑环境设计教学，借鉴改革开放以来环境设计教育实践40年的成果，几年来课题抓住主题研究不同院校学生在统一课题条件下的实验教学模式，教师的主动性与被动性得到了科学的区分，认识到国内外学校间的师资差距、学生差距。课题组负责人在平等共享的原则基础上制定教案，与参加课题责任导师共建理性、相互鼓励，敞开心胸交流的大门，共同进步，为实验教学进一步合作升级奠定基础。教师论文从探索指导研究生论文和设计出发，强调打破壁垒、拓宽研究视野，从合作研究教学特色，共同分析问题，结合实践课题教学的不同阶段，针对教师人群特性、教育背景、综合基础、实践能力等方面进行探索，目的是为环境设计教育与时代对接，培养出更多的高质量人才。分析教师与学生在课题中的多重互动关系，结合课题论文指导不同院校学生，学会分析作品、抓住论点重点、在学习方法与逻辑框架上讲求多角度，培养学生在相同场地中，在不同的功能布局中找出要点，注重竖向设计，巧借地形地貌，创造出具有时代特色的实验教学案例。在教师论文中结合问题进行论述，部分内容在不同程度上弥补了过去实践教学的不足，认识到教师能力决定教学质量，团队的价值与个人魅力相结合，批评与自我批评相结合，强调学理化价值在今后实验教学中的重要性是4×4实验教学的价值。

在本书即将出版之际首先感谢九年来坚持实验教学的同仁，为实现共同目标，探索实践设计教育阶段性的付出。相信该书的出版将是相关学科建设的必备好教材，也是高等院校社会实践群体值得拥有的良师益友，特别是对于兄弟院校广大的青年教师和正在从事实践教学的教师、关心建筑与环境设计教育的爱好者，更是一部值得一阅的专业设计用书。本书以体验建筑与环境设计实验教学为核心的城市文化视角出发，教学将分步融入“一带一路”沿线国家高等院校，为设计教育搭建平台，在广域智慧空间设计教育发展中融入世界教育智慧大趋势环境中，建立与中国现行实力相同的设计教育体系，强调从事环境设计教育的教师必须掌握工学知识、高度审美，完善学科理论、法规及审美修养，强调设计教育在设计中升级，在实践中成长，才能更加有效地提升环境设计教育的品质。

2017年11月07日于北京